幽玄与物哀

[日] 大西克礼 著

吕灵芝 译

目 录	序 言	1
	上 篇　幽玄论	5
	下 篇　关于物哀	125

序　言

本书收录的《幽玄论》，是根据我于昭和十三年（1938）五月及六月刊登在《思想》杂志上的文稿修订而成。《关于物哀》的大部分内容并未发表过，但其开篇部分，即有关本居宣长对物哀的解释与探讨，曾在《思想》杂志编辑的要求下，于本书出版之前，刊登在了该杂志昭和十四年（1939）六月号上。

本书站在美学的角度，对"幽玄"与"物哀"的概念展开研究和试论。我原本的学术关注点，在于将包含了这些概念的日本美学诸般概念，加入到新的美学范畴论的理论关联之中，进而在美学整体的体系关联中展开美学范畴论的探讨。但是近来我发现，关于这些概念虽然存在着众多研究和考察，但为了实现我的目标，还需要进行更多的准备。所以，我在本书中考察"幽玄"与"物哀"的问题时，始终没有离开美学的立场，在实际工作中，便是先从素材方面入手，整理这些问题，以便进行美学的考察。为此，我花费了许多精力。

基于这种考量，本书表面上将这些问题从美学的体系关联中摘取出来，作为个体的问题以美学的观点进行考察，并没有深入下去。我认为，这样也许更符合普通读者的兴趣。此外，除本书提出的两个问题以外，东方及日本自然还有很多值得探讨和研究的独特的美学概念。譬如"寂"便是其中一例。但是对于这些问题的考察，我将在日后发表，本书先将视野限定在标题所展示的两种概念之上。

如上所述，本书只是提出一种试论，其考察的结果或方法，若能给研究我等民族的文学和美术问题的有心之人带来一些参考，那么作为本书作者，我将不胜荣幸。

昭和十四年六月

上 篇　　　幽玄论

幽玄的起源

"幽玄"的概念和问题主要形成于日本中世[1]的歌学,由于其形成领域的限定,我打算将其视作一种美学范畴,并试图从美学角度展开广泛的研究,也许还需要进行一些解释。虽然只要明确了"幽玄"的概念,解释就不言自明,但我还是想刻意选择略为曲折的道路,先从美学观点出发,考察幽玄概念的母体——日本歌道与歌学——的一般特征,不仅可以为自己的试论打下基础,也可以尝试阐明在这方面可能会普遍产生的对美学感兴趣的理由。

歌道的发展自上代[2]以来经历过诸多曲折,但它作为日本特有的艺术形式,从美学角度来说,大体可以概括为以下特性:第一,从作为美学意识作用的直观与感动的关系来看,和歌作为单纯的诗,不仅包括抒情诗与叙景诗两个类型,还与日本民族的美学意识——或者更宏观地说,与日本民族精神的某种特性——相关联,使抒情与叙景这两个要素极为紧密地融合统一,构成了一种特征。《万叶》[3]以后的众多歌集中还出现了四季、恋爱、哀伤等类别,在内容上主要分为叙景诗与抒情诗,但实际品读这些和歌就会发现,即使作者歌颂了自然风物和风景,但绝大多数并非单纯的叙景,而是融入了浓厚的抒情要素,二者阴阳交织。反过来,表达恋爱、哀伤等主观情感的诗歌,大多数场合也与自然风物相结合,这是不可辩驳的事实。譬如《万叶》中:

雾盖秋田穗

朝霞散漫浮

恋愁霞雾里

何处可消忧[4]

从表面上看，上句只不过是下句的铺垫，但从美学内容上看，"雾盖秋田穗"的朝雾可以说是下句抒情内容的具象化，这样的例子不胜枚举。根据福井久藏[5]在《大日本歌学史》中的讲述，《家隆[6]卿口传抄》（似乎是假托之作）中亦有评论："歌虽寄托于花鸟风月，实则专情于心。"由此可见，叙景与抒情的融合是歌的命运。在这个意义上，从历史上众多的创作例子中能看出，日本和歌这一艺术形式最容易具备一般美学意识中直观与感动互相融合的条件，又因为具备这一条件的作品有很多，所以足够称其为一个特征。西方诗歌中也有优秀的抒情诗，比如歌德[7]的作品，其直观要素与感动要素互相渗透融合得尤为紧密，这也形成了他的创作特色。然而，如果这里真的存在美学价值这一重要条件，那么可以说和歌的本质完全符合了这一条件。

从美学体验的内涵角度，即从融合统一的两个要素（我将其命名为艺术感要素和自然感要素）的关系来看，和歌极为丰富的自然要素也是其特性之一。不仅限于和歌，日本或东方的艺术与西方的艺术相比，都有着丰富且深邃的自然感的美学要素，这已经是无须赘言的事实。但我想要表达的是，它并非意味着和歌及其他东方艺术在题材上包含了众多自然界的事象。我认为，东方艺术中丰富的自然感的美学要素与西方艺术相比，并不只是数量上的单纯差异，或许也包含了性质上的差异。然而，这是一个极为宏大的议题，无法在此处详细探讨，我只简单讲讲自己的想法。东方，尤其是日本，因为特殊的气象风土，其自然美，也就是以自然物为对象的美学体验，无论是在广度上还是在深度上都有着较早且程度极高的发展。其结果是，这种自然美的体验已经成为一种艺术体验的替代物，甚至表现出了能激发更高级的美学价值意识的倾向。与此同时，东方独有的世界观促使这种感情层面的倾向进一步向思想层面深化，为此，就东方人固有的意识而言，西方那种与"自然美"严格区分或被置于更高地位的特殊观念的"艺术美"就失去了发展的余地。当然，"艺能""艺道"等概念在日本也随着思想的发展而产生了分化。只不过，相比西方的"技巧""技术"等概念，它们更强调参与到工作中的全人格的、主体的、精神的层面，因此它们其实是与"美"朝着截然不同的方向发展的思想（所以这些概念在美学艺术之外也得到了极为广泛的应用）。关于美本身的问题，无论是在思想上还是在感情上，东方几乎都不可能像西方美学思想那样，将艺术美与自然美关联到形式美与素材美的含义上。也就是说，在东方美学意识里，艺术美中还存在着不可分割的要素，那就是自然美。反过来说，自然美里也存在着艺术美的要素。二者不仅仅是不可分割的关系，从审美角度看，毋宁说二者具有归一于物的同一性。

用一种悖论式的说法，在东方美学意识中，在艺术品产生之前就存有艺术美，而从这一立场出发思考艺术的本意，它便是：促进自然中艺术美的发展，直白地抒发人类对自然美的主观感情，在艺术技能的修行中发挥全人格的、道德的、精神的意义。

不过，虽说促进了自然中艺术美的发展，但它也绝不像西方写实主义那般描绘自然物的感觉和形态，而是反过来向自然本身的理想美的方向发展。我认为，东方艺术的基本精神可以用它的各种样式特征来解释，然而此处不会进行深入探讨。综合以上探讨，我想要表达的是：在研究东方尤其是日本的独特艺术种类，也就是和歌与俳句时，也许要用西方艺术难以想象的某种特殊方法来思考艺术与自然的关系。如果用概括的方式简单表达我的上述论点，我想用粗略的方式加以说明。西方艺术结构，在普遍倾向及相对含义上就是"艺术美的形成＋（自然美的形成＋素材）＝艺术品"，或者用更为极端的奥德布雷希特[8]的观点来分析，就是简单的"艺术美的形成＋素材＝艺术品"。然而在东方艺术的结构中（这里指的当然是相对的与概括式的意义上），上述等式的括号插入的方式摇身一变，成了"（艺术美的形成＋自然美的形成）＋素材＝艺术品"，若使用更精确的表达，就是"艺术的形成＋[（艺术美的形成＋自然美的形成）＋素材]＝艺术品"。最后这个等式表达了，如上文所说，对东方美学意识而言，在艺术品产生之前已经存在一种艺术美与自然美融合的主观可能性。另外，这里所谓"艺术的形成"的要素，已经在某种意义上涉及超艺术的范畴，即我上文所说那般，日本等国家的"艺能""艺道"等概念，它们往往是全人格的、全精神的（也包括道德即宗教的含义），因此也表现出了具有超艺术的倾向。（在西方浪漫主义的艺术意识中，艺术的概念也表现出了显著扩大的倾向，因此当然要容许例外存在。）可以这么说，这虽然是极为抽象的概论，但在东方艺术中，"艺术"的真髓一方面被提高或深化到人类精神的终极本质，另一方面又表现出与自然本身的"超感性基体"同一化的倾向。

万物的本质是不生不灭的。万物的本质在生活中是不可改变的，并具有普遍的真理。这一本质并不先于天地，无时且无处，后于天地亦然。它是万物的根源。和歌之理亦如是。（《耕云[9]口传》）

总而言之，我就是这样理解东方艺术中"自然感的美学要素"的，而格外强调这一美学要素的意义，有助于理解作为日本的独特艺术形式——和歌与俳句——的美学特性。

从作为美学意识形式的创作和接受的观点来考察，在和歌与俳句这类艺术中都存在一个值得注意的特殊性。一言以蔽之，在这些特殊的艺术形式中，创作与接受作为美学意识的根源上的统一性，得到了最为明了且纯粹的持续。根据我的研究，和歌与俳句作为诗歌，在艺术上已发展到极高的境界，但其外在形式只受到了极为简单的制约，这一点与上文提到的持续有着紧密关联。这里说的简单只是单纯指外部的形式条件，稍微深入内部来看就不同了。譬如自古有人评论和歌的风体、病与禁句，也有人研究俳句的切字和季语，可见这种艺术形式在词语的选择、句子的接续和格调等基础上出现了各种艺术条件。从某种意义上说，由于其外部形式单纯简朴，所以为了使其达到高度的艺术境界，反倒需要特别的苦心和磨炼。也就是说，这种艺术形式（顺带一提，此事并不限于和歌与俳句，诸如文人画之类，或者茶道、花道等日本艺道也同样如此）只在入门方面相对容易，也正因如此，只有极少数人能够登其殿堂。但现在暂且离开那种客观的价值观点，单纯从主观的美学体验进行探讨。这种艺术形式不仅是专家，而且任何其他人都能轻易接近，这一事实显然很适合让美学接受的普及性与美学创作的普及性同时在一个民族中发展。在这种时候，我们基于美学所思考的美学接受与美学创作根源上的统一性，尽管是以一种浅涉文艺的形式，但也可以说，在孕育了这种艺术形式的民族生活中，存在使其保持最完好且发挥最彻底的可能性。日本民族本来的美学意识倾向具备了向根源上的统一性发展的潜质，因此才孕育并壮大了这种世界独有的特殊艺术形式，或者反过来说，正因为这种艺术形式诞生于种种特殊条件之下，日本民族的美学意识才获得了向根源上的统一性发展的契机，也许二者间存在互为因果的关系。总而言之，如此考察下来，日本歌俳谐的艺术不受艺术的职业化，或艺术制作与艺术欣赏的社会分化等社会文化的影响，从而使得人类本来的美学意识的根源纯真性得以发挥和保持，这也是一个值得注意的美学特性。

以上便是我对作为艺术的歌道展开的思考，而对孕育出"幽玄"这一概念的艺术反省，也就是对歌学的发展展开的思考，也可以指出与这个问题相关联的、值得注意的一两种特色。日本自古就没有产生西方所谓的美学或艺术的哲学思想，但对于单个艺术领域中的美学反省，无论是在中国还是在日本，都以诗论或画论的形式出现了。日本的歌学也是其中之一。一般而言，这种个体艺术论研究大多是艺术固有的技巧或形式方面的问题。（但在东方并没有分化出与之相区别的文学史或美术史的研究，所以有关历史性的考察也包含其中。）在那些诗论和画论中，极少存在关于艺术美学内涵本身的反省，就算有，也只是极为浅薄而普通的。但是可以说，在中国的画论和诗论中，针对单个作品的美学内涵或美学印象的形容极其精密而丰富，可谓举世无双，但美学理论式的省察却十分少见。与之相比，日本的歌学略有不同。歌学最早的出发点，是奈良时代末期相传为藤原浜成[10]撰写的《歌经标式》、平安时代的《和歌四式》等。虽然看起来它们都受到了通过空海[11]的《文镜秘府论》等作品引进的中国诗论或其仿作的影响，但从平安时代到镰仓幕府时期，随着歌道的发达，同时发展起来的中世歌学中已经出现了和歌的美学内涵、和歌的艺术样式（风体）、创作意识的过程、歌道与宗教仪式的关系等，它们从美学角度对超出了单纯的技巧形式、在某种程度上有一定深入的精神方面展开探讨。虽然只是基于比较的意义，但作为一种特殊的艺术论，日本中世以后的歌学，以及受其影响的世阿弥[12]、禅竹[13]撰写的《能乐论》等，也许是东方最具美学性或艺术哲学性的论述了。

歌学中还有一点值得注意，作为艺术样式论的反省，它与自然美学体验内涵的反省有着相融且不可分割的关系。我认为，在这一点上，作为特殊艺术论的歌学已经靠近一般美学观点，或是实现了升华。同时，这一点又与我先前论述的和歌与俳句中东方美学意识的特性，也就是艺术感要素与自然感要素在特殊含义上渗透融合的关系相连，为我们认可"幽玄"这一歌学概念是东方特殊的民族精神所规定的一种美学范畴提供依据。另外，作为这里指出的歌学反省的一种特色，我们将在后面考察成为"幽玄体"的和歌样式概念，并且提出了足够的实证，但现在只为明确其含义举出一个例子：此前略有提及的《和歌四式》之一的《喜撰式》中，举出了所谓的"和歌四病"。对应其名称，也就是概念式的表达，用到了（一）岸树、（二）风烛、（三）浪舟、（四）落花这几个词。具体解释起来便是岸树易倒、风烛易消、浪舟易倾、落花易乱之意。但这些缺点并非单纯地指出了某首和歌美学印象上的模糊感觉，比如（一）岸树，是指第一句与第二句的首字同音，如"てる日さへ、てらす月さへ……"（其他也一样与音韵有关），很显然意味着与和歌形式相关的特征。在表达这种格调上的关系时，用到了"岸树""风烛"等属于自然感的词语，虽然可以单纯理解为比喻或辞藻，但我还是认为这是在敏锐地把握了自然感与艺术感之间特殊的美学融合的意识之后自然产生的表达方式。更进一步的例子，还有纪贯之[14]广为人知的那句：

黄莺啼花

青蛙鸣水

闻者无不咏歌

在他看来，自然中亦有诗歌，这一观点继而又在中世歌人的风体论中表现为艺术感与自然感的相互融合，最终成为一种贯穿歌学思想发展过程的基调。所谓"五尺菖蒲轻洒水，咏歌当如此"，就是立足于艺术感与自然感相通的根本原理上。对于美学意识而言，这是一种远远超出比喻和类比的直截了当的启示。

简而言之,下文要论述的"幽玄"的概念和问题,只要将其视作自古以来探讨的作为艺术的歌道,以及作为艺术论的歌学的孕育物,那么,将其作为美学范畴进行探讨的理由就足够充分了。

注 释

1 日本中世,一般指平安时代后期到战国时代(11世纪后半期到16世纪)约五百年的时间。(译注)
2 上代,指在日本平安时代前留有文献记录的时代,也就是飞鸟时代后期到奈良时代。(译注)
3 《万叶》,即《万叶集》,日本最早的诗歌总集,被认为成书于奈良时代末期。(译注)
4 原文:"秋の田の穂の上にきらふあさがすみいづへのかたにあが恋やまん。"译文参考《万叶集:诗苑译林》(杨烈译,湖南人民出版社,1984年版),下同。(译注)
5 福井久藏(1867—1951),日本国语学者、国文学家,在和歌、连歌的历史研究和国语学史、歌学史上都有诸多成就。著有《连歌的历史研究》《大日本歌学史》等。(编注)
6 家隆,即藤原家隆(1158—1237),日本镰仓时代初期的公卿、歌人,《新古今和歌集》的编撰者之一。(编注)
7 歌德(Johann Wolfgang von Goethe,1749—1832),德国著名思想家、作家、诗人,著有《少年维特的烦恼》《浮士德》等。(编注)
8 奥德布雷希特,即鲁道夫·奥德布雷希特(Rudolf Odebre-

cht，1883—1945），德国美学家，主张用现象学分析美的价值体验。（编注）

9 耕云，即花山院长亲（1347？—1429），日本南北朝时代至室町时代初期的公卿、歌人，著有《耕云千首》《耕云口传》等。（编注）

10 藤原浜成（724—790），日本奈良时代的公卿、歌人、歌学家，其著作《歌经标式》被看作日本最早的歌学书。（编注）

11 空海（774—835），日本平安时代初期的僧人，真言宗的鼻祖，谥号弘法大师。（编注）

12 世阿弥（1363？—1443？），日本室町时代初期的猿乐演员、剧作家，著有《风姿花传》《花镜》等20余部作品，其观点被看作日本艺术论的代表。（编注）

13 禅竹，即金春禅竹（1405—1470？），日本室町时代的猿乐演员、剧作家，是世阿弥的女婿。（编注）

14 纪贯之（868？—945），日本平安时代的歌人，参与编撰《古今和歌集》，代表作有《土佐日记》等。（编注）

二

幽玄的两种概念

　　最近出现了许多关于"幽玄"的研究论述,但多为历史性的研究,尤其是关于这一思想的文学史乃至精神史的研究。概观这些研究(虽然我可能只看了其中很小的一部分),我认为这个概念要么被扩大到了过于模糊的世界观式的含义,要么被局限在过于特殊的观点中分析、考察。无论怎么分析"幽玄"的概念与其思想的历史性成立或引进之间的关系,都无法直接阐明它的美学意义。因此我在此要离开精神史的观点与兴趣,只专注于美学观点对这个问题展开思考。然而这一思考还需要一些基础准备,或者在某种程度上进行一些有关"幽玄"用例的文献研究。一旦展开用例的文献研究，具体考察下去，其范围自然会扩大到歌学以外的日本古代诗文，甚至还要考察中国的文献。对于这种详尽的考察，我只能等这方面的专家出手。不管怎么说，将幽玄概念作为一个美学问题而酝酿出来的是日本歌学，因此在这个范围内，我还是要涉猎一些重要文献。

但我在阐述观点时，还有一件事值得特别注意，就是把"幽玄"作为特殊美学含义中的"价值概念"考量的情况，和将其作为号称"幽玄体"的歌道固定的"样式概念"考量的情况之间的区别（关于这两种含义的具体关系，将在后面论述）。概观日本歌学文献中的用例，按照我的理解，在多数场合中，"幽玄"一词都用于指代作为样式的"幽玄体"，或者从这一样式概念中引申出来的概念（即便它没有被直接表达为"幽玄体"或"幽玄调"）。然而有时在那中间，以及在歌学以外的文献中，"幽玄"一词又脱离样式概念，成为纯粹美学的价值概念。本来,"幽玄体"是从"幽玄"衍生出的词语,但它一旦作为样式概念被确定,其含义被固定下来后,它所引申出的"幽玄"概念,比如在歌合[1]判词[2]中的用例,其含义不一定和样式概念出现前作为美学概念的"幽玄"意义相一致。这个问题暂时不必在此探讨,但在我看来,"幽玄"与"有心"之类的重要概念,其含义向来存在种种混乱,而我又想在尝试过后对其做出整理,因而在此加以注意,为了埋下一条伏线。

从上述观点看"幽玄"的用例,根据冈崎义惠[3]的著作《日本文艺学》,中国唐朝诗人骆宾王的《萤火赋》中有一句:

委性命兮幽玄,
任物理兮推迁。

晋朝谢道韫的《登山》中也有:

峨峨东岳高，

秀极冲青天。

岩中间虚宇，

寂寞幽以玄。

非工复非匠，

云构发自然。

器象尔何物……

临济禅师[4]也曾说过"佛法幽玄"。不管这些用语背后是否存在中国老庄思想和禅宗思想，都明显可以按照字面含义来理解"幽玄"。接着看日本古代歌学以外的"幽玄"用例。藤原宗忠[5]参与编撰的《作文大体》中提到了名为"余情幽玄体"的诗歌样式，并举出菅三品[6]的句子为例：

兰蕙苑岚摧紫后

蓬莱洞月照霜中

并评价道："此等诚幽玄体也，作文士熟此风情而已。"这句诗的余情幽玄，应该是借助了菊花这一象征，表达出美学内涵的幽玄性，但此处明显也体现出了样式概念的含义，只能姑且将其视作例外。这一论述的出现时间可能比后文提到的歌学方面的《忠岑十体》[7]的样式思想更晚，也许编撰者已经受到了歌学领域的样式含义中幽玄概念的影响（尤其是《作文大体》中的那一部分，并非宗忠亲笔撰写，有可能是后人混入的文章）。除此之外，在大江匡房[8]和藤原敦光[9]这些当时已经深谙汉诗词之道的人所写的文章中，常见"幽玄之境""古今相隔，幽玄相同""幽玄之古篇""幽玄萤才""术艺极幽玄，诗情仿元白""幽玄之道"等文字，这些往往基于"幽玄"的概念，意指艺术的终极之美或抵达那一境界的才能、道路，明显强调了美学价值概念的含义。换言之，其中尚不存在任何细化到特殊的样式概念含义的幽玄概念。不过在这些文字出现的时期，存在着像藤原基俊[10]这般既是优秀的歌人同时又精通汉诗词的人才，因此歌道范畴的幽玄概念必然已经在其周围的文人墨客间传开了。不过可以肯定，在这些用例中,"幽玄"作为特殊样式概念的含义尚未浮现。

再看歌论与歌学,正如许多人已经指出的那样,这一领域最先出现的"幽玄",是在纪淑望[11]撰写的《古今集真名序》[12]中。其内容有:

至如难波津之什献天皇富绪川之篇报太子,或事关神异或兴入幽玄。但见上古歌多存古质之语未为耳目之玩……

但对于这里的"幽玄"含义,可以有多种解释,如果将这里的幽玄直接理解为佛法幽玄,认为它仅指圣德太子[13]的传说,未免过于狭隘。总之,在这句话中,尽管所指之事有关歌道,但可以肯定它尚未体现后来所见的特殊样式概念的含义。另外,在相传为壬生忠岑[14]提出的"和歌十体"中,除了古语体、神妙体和直体等,还列出了余情体和高情体。"忠岑十体"作为歌体的分类,应该属于样式上的区别。当然，其分类的原理相当混乱，严格来说并未提出样式的观点。然而这十体中尚未出现"幽玄体"，与后世歌学中作为样式概念的幽玄体的含义最相近的，便是上文提到的余情体和高情体。忠岑在解释高情体时这样说："此体词虽凡流义入幽玄，诸歌之为上科也。"当中已经出现了"幽玄"二字。顺带一提，我认为这里的"虽"（雖）字恐为"离"（離）字的误抄。若按照原文解释，就是将幽玄的价值含义限定为"义"，也就是"心"的侧面，但我反而想将其解释为"词"与"义"都脱离了低俗浅薄的领域，进入了崇高幽远的境界，这样更能对应下句的"诸歌之为上科也"，更好地表达歌的整体美学价值的高度。但不管怎么说，尽管这里已经产生了歌的样式思想，但"幽玄"尚未像后世那般成为一种直接的样式概念，反倒被用于阐述贯穿和歌整体的美学甚至艺术的价值观念。在此后的歌学文献中，历史最为古老且值得注意的便是藤原公任[15]的《新撰髓脑》和《和歌九品》，后者将和歌的价值分为九品。在解释九品中的最高阶，

也就是上品之上时,编撰者列举了:

明石浦间日渐明

岛失朝雾中

行舟杳行踪[16]

以及忠岑的:

只云历法春来到

今朝吉野山

似有春霞罩

公任评价道:"言之极致处更有余心。"这里的"余心"便是余情,从样式来说,它对应了忠岑的余情体乃至高情体,或是后来的幽玄体。在《新撰髓脑》中,公任又列举了九首不同风体的作品,首先举出"风吹白波立"之歌,称其为"歌之本"。这一评论显然以样式性观点为主,而上文提及的《和歌九品》的分类则明显是价值等级的区分。在我看来，公任的歌学中既有样式性的区分也有价值性的区分，这一事实值得特别关注。

接着，在我看来同样应该注意的是藤原基俊的歌合判词中出现的"幽玄"概念。基俊作为当时的歌道大家，在中宫亮显辅[17]家歌合（长承三年[18]九月在藤原显辅家举行的歌合）中，以判者身份对

目及之处红叶满

霜露谁人宿

离梨之孤木

（左）

末摘花色红清浅

浓露落其上

便染秋叶深

（右）

这组歌的评价为："左歌词虽拟古质之体义似通幽

玄之境。右歌义实虽无曲折言泉已（非？）凡流也。仍以右为胜毕。"他在这里说的左歌的含义（义）通幽玄之境，究竟是指什么呢？也许因为它基于老庄或禅宗的思想，描绘了于晚秋山中没有妻子陪伴、安于孤独、幽栖境遇的隐士，所以才形容为"幽玄"。但即使现在更为深入地解读，这一判词的意思还是左歌的词句略有古风简朴的韵味，但其含义内容极为复杂，因此说得不好听点，就是词与心不相符，而与之相反，右歌的内容在含义上虽然没有曲折，但词句平滑顺畅，其形式与内容较为协调，因此右歌更胜一筹。总而言之，应该注意的是，用"幽玄"这一美学宾辞形容的歌，不一定在艺术价值上有着很高的评价。另外，这里还只是言及"幽玄之境"，并未体现"幽玄体"这一样式概念的含义。因此也可以认为，基俊对"幽玄"的理解主要还是老庄和禅宗意义上的，也就是非美学意义上的理解，但我认为问题并没有那么简单。首先，被形容为"幽玄"的歌在歌合中败北的例子，也出现在后来其他判者的判定中。其次，如前所述，在基俊的时代，汉诗文领域时常提及"幽玄"的概念，尤其是《作文大体》中解释的幽玄概念，以及《忠岑十体》高情体中的幽玄概念，在当时的汉诗中也被人们欣赏，这应该对歌学大家藤原基俊产成了一定影响。基俊的幽玄概念恐怕本来就包含了老庄式幽玄的含义。但不仅仅是这样，基俊无疑也在"幽玄"的含义中融入了余情幽玄体的样式概念，或者说就算尚未形成样式概念，但也将其作为论及诗歌时的特殊术语使用了。如此想来，后期变得更为明显的，单纯作为歌道的样式概念或特殊术语的"幽玄"，与意味着普遍意义上的终极美学价值和艺术价值的"幽玄"之间含义背离，早在基俊的判词中就能模糊地窥见一二。对从美学角度探讨"幽玄"概念用例的人来说，这两种含义的关系始终是非常棘手的问题。

注 释

1 歌合,日本平安时代初期,流行于宫廷贵族之间的诗歌比赛。(编注)
2 判词,在诗歌比赛中判定歌、句优劣的词语。(编注)
3 冈崎义惠(1892—1982),日本国文学家、文学博士、日本学士院会员,著有《日本文艺学》《日本文艺的样式》等。(编注)
4 临济禅师,应指临济义云(生卒年不详),中国唐代的僧人,临济宗鼻祖,谥号慧照禅师。(编注)
5 藤原宗忠(1062—1141),日本平安时代后期的公卿,其日记《中右记》是重要的史料之一。(编注)
6 菅三品,即菅原文时(899—981),日本平安时代中期的公卿、汉诗人。(译注)
7 《忠岑十体》,又称《和歌体十种》,是从样式上把和歌分为十种的歌论书。(编注)
8 大江匡房(1041—1111),日本平安时代后期的公卿、儒学家、歌人,著有《本朝神仙传》《江谈抄》等。(编注)
9 藤原敦光(1063—1144),日本平安时代后期的贵族、儒学家、文人。(编注)
10 藤原基俊(1060—1142),日本平安时代后期的公家、歌人、

书法家,编撰有《新撰朗咏集》。(编注)

11 纪淑望(？—919),日本平安时代前期的贵族、儒学家、歌人。(编注)

12 《古今集真名序》,全称"古今和歌集真名序",指《古今和歌集》的两篇序文中,用汉文写成的那一篇,通常简称"真名序"。另一篇序文用日语假名写成,称作"假名序",作者是纪贯之。(编注)

13 圣德太子(574—622),日本飞鸟时代的政治家、推古朝改革的推行者。(编注)

14 壬生忠岑(生卒年不详),日本平安时代前期的歌人、《古今和歌集》的编撰者之一。(编注)

15 藤原公任(966—1041),日本平安时代中期的公卿、歌人,编撰《和汉朗咏集》《拾遗抄》,著有《新撰髓脑》等。(编注)

16 译文参考《古今和歌集》(王向远、郭尔雅译,上海译文出版社,2018年版)。(译注)

17 中宫亮显辅,即藤原显辅(1090—1155),平安时代后期的公家、歌人,中宫亮是官位名称。(编注)

18 长承三年,即1134年。(编注)

三
中世纪歌学中幽玄概念的发展

接下来还需要概观日本中世歌学中"幽玄"的概念作为样式概念,也就是"幽玄体"几乎确立后,歌学家对这一概念的解释。上文提到的"忠岑十体"等理论中已经包含了作为样式概念的"幽玄"的萌芽,但在歌道中,它作为一种名副其实的样式,也就是作为歌体或风体确立起来并为人们所认知,恐怕是在藤原俊成[1]引领一代歌坛的时代。从俊成的著述《古来风体抄》和他所写的众多歌合判词中能看出,他表面上并没有明确表现出有意识地提倡并普及"幽玄体"这一特殊样式,但即使他没有对自己的作品风体赋予这一概念特征,他本来的艺术倾向和作品的样式特性，都与一直在歌道中模糊流传的"幽玄"概念有着本质性的关联。前者自然从后者中得到了理念的定向，后者也因前者得到了具体的表现形式。通过鸭长明[2]的《无名抄》和藤原定家[3]的各种著述，我们也能充分认识到，"幽玄体"的概念便是在这一时期最终确立起来的（他的歌合判词中经常出现"幽玄体"一词也是不争的事实）。

藤原俊成在歌论中直接用到"幽玄"一词，应该是在慈镇和尚[4]自歌合的判词后，阐述自己生平持有的部分歌论时。文称：

所谓歌者……或朗诵或激情吟咏，都应有至美幽玄之感。歌之善者，其词外总有余情。譬如咏春花则有春霞，唱秋月则有鹿鸣，梅花总有春风送香，红叶须得骤雨相陪。诚如"月非昔时月，春非去年春""手捧山泉饮，尚未足饮水即浑"，叫人听来意趣十足。

这里只说了幽玄，并未提及幽玄体，但从前后文意可以推测，他显然将带有缥缈余情的歌视作了幽玄。但是再深入一些去讲，那并非单纯直接地表达歌词及其含义中的余情，更是要表达心与词相和、充满感情地咏歌时产生的难以名状的美好气氛和情趣。总而言之，俊成讲的并非单纯的余情，也不是单纯的美，而是将二者统一，用幽玄去形容那种缥缈而难以捉摸的美妙余情。不过在俊成改名前还叫显广的青年时期，他在以判者身份参加的中宫亮重家[5]朝臣家歌合上，对

浪打矶边翻白沫

远看竟恍惚

似见故乡花落时

给出了"风体为幽玄调，义非凡俗"的评价，并判其胜出。而他在改名俊成后，又在住吉社[6]的歌合中判

冷雨多寂寥

苇草庵中惊梦醒

却念京城旧日情

胜出,并评价前句先讲"寂寥"后以"念京城旧日"应和,"已入幽玄之境"。在广田社[7]的歌合上,他也对

乘船出海原

极目远眺处

白波涛涛似云霞

做出了"似有幽玄之体"的评价,认为其更胜一筹。在三井寺新罗社[8]的歌合上,他对

晨起出难波

忽闻鸟鸣啁啾

远在高津宫上

使用了"幽玄"的评语,而在西行[9]法师的御裳濯

川歌合中，判者俊成对"野鸭盘旋在黄昏"和"津国难波之春"都使用了"幽玄"一词。除此之外的用例，此处不再——列举。其实在六百番歌合及其他场合，俊成也经常使用"幽玄之体""幽玄之调"等用词，也用"入幽玄之境""幽玄也"等译语。

作为样式概念的"幽玄"思想，在鸭长明的《无名抄》中被进一步明确。此书下卷有一节讲近代歌体（亦称近代古体）。在这一节中，有人请教长明，称近来一些人将歌分为两种，执着于中古歌体的人讽刺现世之歌为"达摩宗[10]"，而喜爱新体的人又贬斥另一种人"近俗"，对此想听听他的高见。长明答道：

> 今之歌人深晓歌之样貌古来已成旧态，更重归古风习幽玄之体。由此，习中古之流者皆瞠目讽之。然则其心一脉相承，秀歌俊词两不相背。

然后他又论述幽玄体出自《古今集》[11]，并更

进一步说明了幽玄体的本质:

> 乃是话外之余情、不可见之风景。心中所想至深,而话语至美,则幽玄之性自生。譬如秋日黄昏天空之景,无色无声。虽无所寄托,亦引人涕泣。

他或将其比喻为美人心怀恨却不开口的风情,或称:"恰如浓雾之间远眺秋山,虽朦胧而韵味十足,点点红叶叫人浮想联翩,虽漫山遍野而若隐若现者为佳。"他还在此书中引用了俊惠[12]的论点:"世人常咏之歌恰如坚纹之织物,而韵味欠佳之歌则如浮纹之织物,其余情浮于表面。"并列举"明石浦间日渐明"和"月非昔时月,春非去年春"这两首歌,评价道:"这正是心有余情,景现于前。"

概而论之,长明一方面从俊成等人那里继承了作为价值概念的"幽玄",又将幽玄概念进一步规定为余情,从而使其作为歌体样式概念进一步被特殊化。

到了俊成之子定家那一代，歌道中的样式概念已经完全确立，"幽玄"的概念也在这时被明确地特殊化为意指众多歌体之一的"幽玄体"。然而自古以来，号称定家著作的文献多有假托，我们在论述定家这个人时，必须谨慎选用已经由专家确定为定家亲笔撰写的文献。（然而又如后文所述，在不讨论定家之说的历史性，只从美学观点参照日本歌学的幽玄概念的含义时，虽是假托之书，却也能算是一种资料。）在经过确定的文献中，最具参考价值的应是他的《每月抄》。当时，作为歌道宗师的定家，结合旧时的"忠岑十体"和"道济[13]十体"，将歌划分为十体，并将其命名为幽玄体、事可然体、丽体、有心体、长高体、见体、面白体、有一节体、浓体、鬼拉体。他的《每月抄》中可见这样的观点：

> 近一两年应以原本之体做咏。所谓原本之体，乃是此前所列十体之幽玄体、事可然体、丽体、有心体四者……以直率之心自在描绘温柔之态，则长高体、见体、面白体、有一节体、浓体等诸体便是轻而易举。唯

鬼拉体最难习得。然则历经磨炼之后，亦非不可得也。此乃初习者所难习得之体。

此十体中，有心体过而不及，不能存歌之本意……所谓歌之善者，乃在歌中藏起心之深邃……然则并非每时每刻皆能咏此体。若心底昏蒙纷乱，纵使欲咏有心体而不能得，若纠缠不休，则性骨益弱，无正体也。此事先咏余情之歌，恣情辞藻，纵使无心，亦应使歌之姿态有其美感。此类歌咏之四五首或十首，则心中昏蒙散尽，气性重归绮丽，方得以咏此体。而取恋情述怀等题之时，更应只咏有心之体。

对"有心体"的推崇，是定家歌论中特别值得注意的一点。下面引用的文章表明，定家在将幽玄体固定为一种纯粹的样式概念的同时，在艺术理想方面，又将"有心"的概念摆在了高于"幽玄"的位置：

此有心体遍布九体，故幽玄中亦有心，长高亦有心，其余之体亦如是。诚然，无论何种歌体，无心之歌皆为下品。今此十体之中独列有心体，皆因余体之歌并非有心，唯有心之体为最上乘。无论何体，其中应存有心体。

另外，定家在《每月抄》中还将"幽玄"的概念缩小成一种极为特殊的样式概念，比如"幽玄之词中加入鬼拉之词，实乃丑不堪读也"。（后文论述的世阿弥的《能乐论》中的幽玄概念等，都受到了定家观点的影响。）

论述了从俊成到定家的"幽玄"概念的发展，就不得不面对最近日本国文学者们经常提出的一个问题，即"幽玄"与"有心"的关系。对此，我这个门外汉将在后文提及我的观点，这里先顺便讲讲定家确立的"幽玄"的样式概念，也就是幽玄体思想在后世的发展。为此可以参考镰仓时代至室町时代，定家的子孙及其门人的著作，例如《和歌秘传抄》（二条为世[14]）、《正彻物语》《潜之语》（心敬[15]）等文献，也可以参考相传为定家执笔的伪书，因为这些伪书必然是那个时代尊崇定家或依附定家权威之人写的。这类作品中首推《愚秘抄》，此书对歌体进行了更细化的分类，共分为十八体，在此没必要一一列举。此书称这十八体"囊括原本之十体，更立心词之位品"，在幽玄体下又增加了行云和回雪两种副体。由此可知，在定家后，歌道的样式概念发生了进一步的分化。到了那个时候，幽玄体本身的含义说明越来越精密，那些观点即使并非出自定家本人，对于我们而言，在从美学角度解析幽玄概念的内涵时，也能成为重要的参考。上文也提到，根据《愚秘抄》的解释，幽玄体已经不是单一的歌体，其中还包含了行云和回雪二体，幽玄体则是其总称。行云和回雪本是"艳女之譬名"："温和高洁如薄云带月者"为行云，"温和之色尽显，而似飞雪迷于风中散落者"为回雪。并说：

《高唐赋》中有云："昔先王尝游高唐，怠而昼寝，梦见一妇人曰：'妾，巫山之女也。为高唐之客……旦为朝云,暮为行雨。朝朝暮暮,阳台之下。'旦朝观之,如言。故为立庙,号曰朝云。"《洛神赋》云:"河洛之神,名曰宓妃……髣髴兮若轻云之蔽月,飘飖兮若流风之回雪……肩若削成,腰如约素。云云,是为女神也。此幽玄之一体,余体应习之。"

紧接着还有这样的话:

躬恒[16]之"住江之松秋风拂",经信[17]卿之"白波抚低枝",皆有其态。如此并非歌之中道,但为极善之歌体,若为之做比喻,则如八旬老翁白发苍苍,头戴锦帽手拄紫檀,于松下铺虎皮,极目远眺弹奏和琴,好似暴雨时而扫过黄昏。恰如其韵味。

这一八旬老翁的比喻,略加思索像是意指"幽玄"的概念,但是"住江之松"的歌例在样式上也可以认为是"远白歌"。事实上,在同一类文献《西公谈抄》中,就列举了

海面有劲风

住吉岸上浪打浪

白波抚低枝

作为"远白歌"之例。因此这个部分应该不是对幽玄体的说明，而应理解为是与长高体（包括远白体）相关的部分。若果真如此，也可以从中得知作为样式概念的"幽玄"的含义受到了怎样的限定。

另外，此书还模仿书道之论探讨了歌的样式。书道分为骨、肉、皮三体，它从这个观点出发分析被称为"古来三迹"的小野道风[18]、藤原行成[19]、藤原佐理[20]。道风为"写骨而不写皮肉"，行成为"写肉之一体而不得皮骨之势"，佐理则是"存皮而忘骨肉之两姿"，三迹各有得失。道风笔势强劲，但不写温柔与爱。行成空有爱而欠缺温柔与强势。佐理得温柔之道，却丧失了强势与爱。"所谓强为骨、柔为皮、爱为肉也。"如果将骨、肉、皮三体划分到歌的十体，则以挫鬼体、有心体、事可然体、丽体为骨，以浓体、有一节体、面白体为肉，以长高体、见体、幽玄体为皮。概言之，这里也存在着作为特殊样式概念被扭曲的"幽玄"的含义。

同样假托定家之名的《愚见抄》也论述了歌的十体。除了将幽玄体的歌又分为行云和回雪二体之外，书中还说道："应有心幽玄与词幽玄二种。今之体实为词幽玄。"可见此书又在幽玄体下添加了双重交错的分类。可以很明确地看出，当时作为艺术的和歌样式思想已经发展到了十分细致的阶段，同时作为艺术组成要素的"词"与"心"（形式与内容）的分析也与之结合在了一起，因此有了"词幽玄"之说，而这意味着"幽玄"的概念从具有正当含义的样式概念领域进一步跌落成了单纯的指代外部形式特征的概念。

注 释

1 藤原俊成(1114—1204),日本平安时代后期至镰仓时代初期的公家、歌人,参与编撰《千载和歌集》。(编注)

2 鸭长明(1155—1216),日本平安时代末期至镰仓时代初期的歌人、随笔家,代表作有《方丈记》《无名抄》等。(编注)

3 藤原定家(1162—1241),日本平安时代末期至镰仓时代初期的公家、歌人,编撰有《小仓百人一首》。(编注)

4 慈镇和尚,即慈圆(1155—1225),日本平安时代末期至镰仓时代初期的天台宗僧人、歌人。(编注)

5 重家,即藤原重家(1128—1181),日本平安时代后期的公卿、歌人,著有《重家集》等。(编注)

6 住吉社,即住吉神社,位于日本福冈县。(编注)

7 广田社,即广田神社,位于日本兵库县。(编注)

8 新罗社,即新罗神社,位于日本京都府。(编注)

9 西行(1118—1190),日本平安时代末期至镰仓时代初期的武士、僧人、歌人,俗名佐藤义清,流传于世的和歌约2300首,著有《西公谈抄》等。(编注)

10 达摩宗,指以藤原定家为中心的和歌的新风,被嘲笑为像禅问答一样莫名其妙。(编注)

11 《古今集》,即《古今和歌集》。(编注)

12 俊惠(1113—?),日本平安时代末期的僧人、歌人,人称"俊惠法师"。(编注)

13 道济,即源道济(?—1019),日本平安时代中期的贵族、歌人。(编注)

14 二条为世(1250—1338),日本镰仓时代后期至南北朝时代初期的公卿、歌人。(编注)

15 心敬(1406—1475),日本室町时代中期的天台宗僧人、连歌师。(编注)

16 躬恒,即凡河内躬恒(生卒年不详),日本平安时代前期的歌人,《古今和歌集》的编撰者之一。(编注)

17 经信,即源经信(1016—1097),日本平安时代后期的公家、歌人,著有《大纳言经信集》等。(编注)

18 小野道风(894—967),日本平安时代中期的书法家,奠定了和样书法的基础。(编注)

19 藤原行成(972—1028),日本平安时代中期的公卿、书法家,世尊寺流的鼻祖。(编注)

20 藤原佐理（944—998），日本平安时代中期的公卿、书法家，以草书闻名。（编注）

四

正彻、心敬、世阿弥、禅竹的"幽玄"

对于中世的幽玄概念,给予我们较多提示的就是室町时代的优秀歌人正彻[1]的歌书,也就是《正彻物语》或称《彻书记物语》。现在要分析一下其中出现的"幽玄"概念。书中首先提出了题为"暮山雪"的歌:

无处可飞渡

云迷黄昏时

雪山栈道无人迹

然后评价道:"如此行云回雪之体,犹如风吹雪之体,亦似花间霞之体，意趣至深而美艳。漂泊而不可言喻之处，实乃无上之歌。"因其提到了行云回雪体，也就是幽玄体，所以看上去像是在说样式概念，但对于正彻而言，"幽玄"在很大程度上同时包含了价值概念的含义。另外，书中又列举了题为"春恋"的歌：

黄昏遇人影

恍惚似故人

有明月下思旧颜

并评价道："薄云带月、花间绕霞之风情，心若不在彼处，幽玄而优美也。"在这首歌旁引用了源氏的一首和歌：

谁将衫袖拂

人影已茫茫

若意忆春晓

梅香似袖香[2]

评价其为:"应是一对之歌。"这里的幽玄更近似于优婉,也许受到了定家后作为样式概念固定下来的"幽玄"思想的影响。另外又说:

> 幽玄体应有此位阶。人多言幽玄者,只是余情之体,而非幽玄,或见物哀之体而称幽玄。定家曾言:"贯之作强力之歌而不咏幽玄拔群之歌……"(摘自岩波文库《中世歌论集》,歌学文库《彻书记物语》的表述略有不同)

这里说的幽玄并非单纯的余情,同样也并非单纯的物哀体,结合此书下卷对幽玄的说明,正彻似乎给"幽玄"赋予了超越单纯样式概念的价值概念,将幽玄体放在了一个相当高的位置上。但在论及纪贯之的部分,他引用了定家的论点,认为纪贯之这样优秀的歌人既然抵触幽玄之风,那么说其真的具有价值概念的含义,似乎有些言过其实。同样,他在此书下卷的某处写道:"歌之善者非激情而不可咏,歌之美者不喻理而自然幽玄上品。歌之至善者超乎理，此乃无可奈何之事。"不积理和理之外等要素对于"幽玄"的含义来说，应该是非常重要的。然而在这段话的下文中，作者又列举了自己创作的和歌：

海风翻沙砾

岸上传涛声

原是松叶迎风动

声称咏此歌时心中浮现了家隆卿的"岸上松枝迎风动，年年月色更寂寥，仙鹤一声鸣"，并明言："此歌之体如苔生岩石、星霜千年，见之如入仙境也。实乃粗犷强悍之歌体也。但非幽玄体也。"这恐怕是受到了定家后将长高体或强力体与幽玄体相区别的传统样式思想的禁锢。如果换作俊成，恐怕也会用"幽玄"这一美学宾辞来评价这样的歌。

正彻还在一处说道．"歌中恨意浓。瞻前顾后，无我本意。若见他人之所谓至善之歌，便心同其意，若见幽玄本意之歌,则人心不得其意,自有怨恨。"这里是说幽玄本意之歌的艺术价值极高,普通人很难欣赏。最后,对于"幽玄"的概念,正彻的这句话应该是最广为人知的。他首先列举了以"落花"为题的和歌:

花开花落一夜间

恍惚入梦来

此花更胜峰顶云

并对此评价道:

幽玄体之歌也。幽玄者在于心而不可言。正如薄云带月、山中秋雾笼罩红叶之风情,此乃幽玄之姿也。若问幽玄何在,则实难作答也。不得其心者只爱晴空万里无云。幽玄者难言其风情之妙,犹见梦中所现源氏之歌也。源氏见藤壶,吟道:"相逢即别梦难继,但愿融身如梦中。"此亦幽玄之姿也。

可见正彻的"幽玄"含义是像《源氏物语》的情趣那般优美或美艳之物，而中间又掺杂了梦幻、神秘这般难以合理说明的因素，呈现出缥缈的意象。也许，这一含义就组成了普遍的中世幽玄概念的中枢。

另外，正彻还在此书临近结尾处提出了"何事可谓幽玄"的问题，并讲述了《愚秘抄》中引用的襄王与巫山神女的传说：

> 观朝云暮雨之态，可谓幽玄体，众人应牢记心中。不能付诸辞藻，而心中自明，徒然漂泊者或可谓幽玄体。南殿之花盛开，女官身着绸衫聚而赏花之风情，或可谓幽玄体。如此皆为幽玄，却不可直言幽玄。

这段话与上文引用的说明没有太大差异，正彻只是在强调幽玄是一种难以用文字说明的微妙意趣，而南殿赏花的实例单纯只是优美或艳丽的意趣，让人不得不怀疑这能否适用"幽玄"这样的美学宾辞。值得注意的是，正彻也像上文引用的文章那样,提出了幽玄其实在于心的思考。

从正彻再到心敬,对"心"的强调进一步加重了。心敬在《潜潜之语》中这样说道:

幽玄之道需用心修行。此乃古人之法,句句皆为其用。此法当如何行之?然则古人所谓之幽玄体,与今人大有不同。古人所谓幽玄者,乃用心之最。大人之心,其貌优美。而心之美者,其道难入也。

从中可以看出定家的"有心"与"幽玄"相融合的倾向。

这个时代歌学上的幽玄概念也渗透到了能乐论,在世阿弥的《十六部集》中,《花传书》《申乐谈义》《能作书》《觉习条条》《至花道书》等著作都大量使用了这一概念。这里无法一一探讨所有用例,但是概括地说,世阿弥的"幽玄"主要还是基于定家后的特殊样式概念,故而强调了优美微妙的情趣。本来能乐不同于歌，能乐是直接刺激视觉的艺术，因此作为歌道的样式概念也已经充分包含了那种含义的"幽玄"一语，在这里自然会朝着优美微妙的含义发展，但是在世阿弥的用法中，"幽玄"的含义有时过于温和，似乎被限定在了柔美的感觉上。譬如下面这段文章就十分片面地理解了"幽玄"的含义：

> 余自觉幽玄与强力有别，故心有迷惘。此二者为物之体。若为人，则女官更衣或游女好色美男、或草木之鲜花者，皆为幽玄之物。而武者猛士及鬼神之类，或草木之苍松劲杉者，皆为强力之物。如此万物之美善者为幽玄，而强者自为强力。(《花传书》)

然而从另一方面看，世阿弥不仅将"幽玄"一语放在了价值概念的含义中考量，甚至将其认为是能之表达的"第一原理"。譬如在论及能的位阶时，他这样说：

> 天性为幽玄，此乃上位。然而幽玄欠缺之处亦有技巧。此乃非幽玄之物……细细思索，幽玄之位乃天性之物。境界至高者更难成。应常念心中。

以上只是《花传书》中的用例。除此之外，世阿弥的其他著作中也随处可见"幽玄"一词，还对其做出了说明。因此，为了完全阐明他的用意，需要整理、分析所有的用例，总之不难想象，与歌学方面的用例相同，那些用例中往往混杂着特殊化后的样式概念含义和原本普遍意义上的价值概念含义。世阿弥的《能乐论铭仙》受到了《愚秘抄》等文献的影响，其《花道书》中甚至将（上文提及的）书道"骨肉皮三体"的论述应用到了能乐论中。有趣的是，《愚秘抄》将"幽玄"比作"皮"，只取其温和一面，因此看上去不像是很有价值的评价，但世阿弥十分注重"幽玄"的价值意义，所以在自己的论述中援引骨肉皮三体论略显困难。他说道："此艺之态诚如骨肉皮，其天性之基、自然拥有之力为骨，修习歌舞而得其精髓之力为肉。"随后又说：

"二者兼具,而现优美曼妙之风姿者为皮。"这个部分很值得注意。然而他又说:"得其基为骨,习歌舞为肉,入其幽玄者为皮。"并表示:"所谓幽玄者,为皮风之感。"同时还说:"取见、闻、心三者,则见为皮、闻为肉、心为骨。"概言之,能乐论中的幽玄概念与歌学中的幽玄概念的应用相差无几。但是禅竹的《至道要抄》中的"幽玄",似乎比世阿弥理解的含义更广阔而深邃。他说:

> 凡幽玄之事,乃佛法、王法、神道而非私心。其肝要之处在于强力,至深至远,柔而不弱,通透之态也。金性亦为幽玄、明镜亦为幽玄、剑势亦为幽玄、岩石亦为幽玄、鬼神亦为幽玄也……故不识真性理者,不可云幽玄。

*

至此,我们简略地分析了各类文献,概观中世歌学中幽玄概念的发展,大体能够得出以下结论:首先,在古代的一般性价值概念的含义与略显模糊的样式概念的含义之间，"幽玄"的概念尚保留原始形态，但已经出现动摇。到了俊成的时代，两种含义的要素发展到了更高层次的融合统一。与此同时，歌道中的"样式"含义也比"忠岑十体"进一步升华，呈现出向着歌的终极理想样式发展的倾向。然而这与其说是俊成的理论成果，不如说是俊成本人的美学理想，因此其作品的样式自然而然地走向了那个方向。另外，他在当时乃是歌坛第一人，因此俊成自己，以及以他为标准思考歌体问题的人们（如长明等）自然会将"幽玄"的含义放到一个如此高的境界。但在俊成自身写下的歌合判词中，偶尔也有给出幽玄的评价但判其落败的例子，所以无法否认他的论说中也残留作为单纯样式概念的幽玄含义。（关于这一问题，想必以后有机会再论。）接着到了定家的时代，在俊成的时代大致融为一体的"幽玄"的两种含义要素再次被明确区分，俊成论及的"幽玄"价值概念被新创造的"有心"概念替换了。与此同时，"幽玄"概念逐渐被限定为单纯的样式概念，即便其中多少残留一些价值概念的含义，其价值也不再意味着艺术价值的终极段位，而是与其他多种歌体并列，变成主要表达一类歌或某种特殊性格的概念。虽然状况全然不同，但这一发展与海因里希·沃尔夫林[3]将样式概念独立于艺术价值或品质的概念，几乎是相同的。对于"有心"的概念，定家一方面将其视作单纯的样式概念，与其余诸体相并列，但正如前文所述，他同时又很明显地强调了其最高的价值概念。正如文学史研究者所指出的，从俊成到定家的这种变化，其根源处存在着二者人格和个性的差异，即俊成在性格上偏感性，其思考更为综合，与之相反，定家更偏知性，会以分析的方式思考事物。不过从另一方面看，也可以将幽玄概念的变化视作对歌道美学反省的自然发展。至于这究竟意味着什么，将在下一节论述"有心"与"幽玄"的关系时阐述。就这样，有观点认为幽玄概念在定家和相传为定家所撰的歌学书中，几乎彻底沦为了单纯的样式概念，其含义范围也被缩小了。但真正理解俊成、定家的和歌传统的正彻、心敬等人，又再一次提高了幽玄概念的定位，使其明显地呈现出一种倾向——"幽玄"的意义始终成立在"幽玄体"这一传统样式概念的基础上，并不单纯意味着余情体这样的样式，尽管存在余情或者心情的摇曳和情趣的缥缈，但那已经无法用作概念性的说明，因其含有一种无法用话语来把握的高层次的美学价值的微妙意趣，因此在歌道中，它至少意味着一种理想而终极的境地。即便正彻等人在说明这一点时用到的具体比喻和例歌，或者实际说明的文字多少容易引起误解，但那也只是说明技巧的问题。从"幽玄体应从其正位，再行接纳"，以及称幽玄"在于心"、是"心之美"这些话语的背后，能够明确看出他们想表达的正是上述意义。到了世阿弥的笔下，"幽玄"的意义呈现出向单纯优美一面倾斜的趋势，但上文业已印证，这一概念依旧包含对能乐这一特殊艺术而言极为重要的美学价值含义。

顺带再讲讲东方画论，这一领域似乎不怎么强调"幽玄"的概念。不过雪村[4]在《说门弟资》中说道：

"唯见天地之形势、自然之幽玄而着墨,方可称道之妙至。"按照雪村的说法,画道可以说是一种"仙术",因此这里的"自然之幽玄"或许也是基于老庄思想的措辞,只是我们并不能从他的画论中直接找到对"幽玄"的说明。然而,雪村那些真正描绘出"自然伟力"的画作,在这种时候反倒足以让我们充分体会到"幽玄"的美学含义(参照岩波讲座·日本文学系列,《水墨画》,福井利吉郎著)。

注 释

1 正彻（1381—1459），日本室町时代前期的临济宗僧人、歌人，著有歌论书《正彻物语》等。（编注）
2 译文参考《源氏物语》（丰子恺译，人民文学出版社，2015年版）。（译注）
3 海因里希·沃尔夫林（Heinrich Wolfflin，1864—1945），瑞士著名的美学家、美术史家，西方艺术科学的创始人之一。（译注）
4 雪村（生卒年不详），日本室町时代后期的画家、僧人，擅长山水画。（编注）

五

幽玄与有心（一）

纵观幽玄概念的美学含义的变迁，出现在我们面前的问题是"幽玄"与"有心"的关系。关于这个问题，最近在国文学领域似乎有多家言论，但我在这里并不一一列出，只讲讲自己的思考。

从美学角度来看，"幽玄"与"有心"的关系一方面正如前文的论述，关联到价值概念含义与样式概念含义的关系，同时它又关联到心与词的问题，也就是歌之心和歌之词的关系（艺术的形式和内容），因此，我们有必要从这两个方面的关联入手，渐渐深入问题的中心。

关于这个问题的由来,只须看上文的研究就会发现其中明显包含了动因,而且从历史角度来看,这一问题也基于假托定家之名的《愚秘抄》中的一条记事:文治[1]年间,几位歌道高人被召集到仙洞御所,对歌的至极体发表意见。当时俊成卿提出至极体应该是有心体,并称:"然有心体亦多姿,但言心密而言疏,直抒胸怀而意趣佳者,方为正品。"元永[2]年间,歌人被召集到宫中商讨此事,彼时寂莲[3]、有家[4]、雅经[5]、家隆等人皆称幽玄体为至极,通具[6]朝臣则同时举出了有心体、幽玄体和丽体,称难以抉择,显昭[7]选择了丽体,定家则表示赞同俊成卿的说法。"父心所念如是,愚见亦从父心,故此道之至极,应为有心体。"换言之,当时第一流的歌人寂莲、家隆、有家、雅经等人都认为幽玄体是和歌的最高样式,对此,俊成父子则把有心体放到了最高的位置。但我们需要特别注意的是,记载此事的文献实为伪书。俊成的歌论和判词中都不怎么能看见"有心体"的概念,而且从上文的种种论述来看,他应该会选择"幽玄体"为至极,因此现在论及这个问题时，普遍会把代表或强调"幽玄"的俊成与极力主张"有心"的定家放在对立的位置上。可作为体现定家本人观点的资料，《愚秘抄》并不能算数，应该参照上文已经引用的《每月抄》中的内容。《每月抄》中明确指出"有心体过而不及，不能存歌之本意"。

但是对于定家而言，作为价值概念的"有心"不一定具有单一的含义。如上文所述，他在《每月抄》中论述了歌的十体，而在十体之外又论述了"秀逸之体"，并这样说：

所谓秀逸之体者，离万机而不滞于物，十体中皆不可见，其形姿似见于其中，浮余情而心直，如见衣冠端整之人。

而他又说：

歌之吟咏非按部就班之事，意有所指之风情中不可得,而在骤然勃发中轻易可得者,即为秀逸。其歌先谓心之深远,溢于言表,其姿高雅而词流畅,闻之平静而意趣十足,景趣悄然浮现,乃是面影有深意,景与心皆沉静之歌。此歌不应有意咏之,只消勤加练习,自然可得。

从这些论述中可以看出,秀逸之歌具备了十体的样式,或者说至少具备了最基本的四体(幽玄体、事可然体、丽体、有心体)的所有长处。定家还认为"有心"应该是渗透其余诸体的基本条件。因此我认为,定家的"有心"概念其实是作为价值概念而非样式概念来使用,而它正是上文提到的"秀逸体",或者说是《愚秘抄》中的"至极体"包含的价值含义的根本原理。

概而论之,问题就是如何思考俊成等人视作理想的"幽玄"概念与定家等人视作理想的"有心"概念之间的关系。

让我们再一次思考俊成的"幽玄"概念。他的意思——至少在他主要谈论其作为价值概念的含义时,"幽玄"无疑统一了歌之心与歌之词尽善尽美的内涵。虽然在他的歌合判词中有时会将心与词分开,只对其中一方使用"幽玄"这一美学宾辞,但这只是习惯性的表达方式而已。现在再来思考这些参与尽善尽美内涵生产的要素,譬如歌之"心""词""调""姿"的意义。从美学观点来看,正如在所有艺术领域中那样,在和歌领域中,这些要素都有着绝对无法切割的关系,必须始终融合在一起。因此若只分析其思想内容或感觉形式,认为二者的结合就能产生艺术内涵,这是一种心理学美学的余弊。人类的艺术意识在发展到一定高度的阶段时,或多或少都会含有艺术反省,或者呈现出在纯粹美学态度与反省态度之间的摇摆倾向,这些都是不可否认的心理活动。在这样的艺术意识中,关注焦点可能集中在一首歌的观照性和绘画性契机上,可能集中在词姿或格调上,也可能集中在思想性契机上。这一事实与美学体验中价值内涵的统一性当然是不矛盾的。从这个观点出发,被称为"幽玄"的美学内涵,是从作为一种美学体验的歌的创作和接受中产生的,即心、词、调、姿等一切要素都只是这一美学生产的特殊方式,只不过被客观化了。因此,规定了这一意义上的美学生产特殊方式的各种契机,绝不可能与被生产的美学内涵相割离。即使是助词的一字之差、词序的一点细微变化,也不可避免地会使已经磨砺得如针尖般锐利的美学体验价值内容发生质的变化。在这个意义上,俊成的"幽玄"概念无疑规定了歌的整体美学价值内涵。他在民部卿[8]家歌合的最后说道:"画须用其色彩之极、工巧之最,而咏歌无须如此。"另外在上文引用的"所谓歌者……或朗诵或激情吟咏,都应有至美幽玄之感"也体现了这样的观念。而且他还说:"其词姿之外,尚有景气缭绕。"究其含义,"景气"首先是指诗词的观照性,或指想象观照,譬如顿阿[9]在三十番歌合的判词中出现了"景气浮眼"一语。然而俊成在这里提到的景气,从前后文推测,似乎很难用如此单纯的意义来概括。那不仅是想象的观照性,还是上文提到的作为美学生产方式客观化产物的词、姿所具备的一种不可思议的力量——或者被贝克尔[10]等人称为"惊异"的这一微妙美学的创造性。正因如此,即便幽玄的结果必定伴随余情,余情却未必就是幽玄。另外,幽玄的词、姿之外必定缭绕着景气,可单纯的想象观照性并不能被直接称为"幽玄"。俊成的"幽玄"中,也许超越了这些心理学要素,存在着作为更直接的美学价值条件的艺术的特殊体验性因素。

再看定家的"有心"概念,我认为它作为上文所说的价值概念含义,说到底是俊成的"幽玄",或者是被寂莲、家隆等人评价为"至极体"的"幽玄体",是美学生产的意识主体在经过更尖锐的反省后,为强调作为美学生产主体的"心"的意义而提出来的概念。也就是说,"有心"其实是将俊成等人的幽玄体验的美学反省朝主观方向更进一步的产物。在定家这里,一方面样式论的思想已经发展起来,另一方面,作为价值概念的"幽玄"和"有心"

的含义常常与它们作为样式概念的含义相混淆。至于被客观化为"有心体"或"幽玄体"的风体概念，它们的意义时而变得十分狭隘，时而又变得十分浅薄，与此同时，"有心"中"心"的含义也呈现出从美学价值创造主体的含义转变为完全非美学的道德含义，甚至于有理性含义的倾向。概而论之，"幽玄""有心"这两种概念都发生了价值意义的混乱，变成了极为不明确的东西。

我在这里纯粹基于价值概念的含义思考这两种概念的关系，恐怕会有不少人提出异议。为了进一步深化我的论点，接下来将从"价值概念"与"样式概念"的关系角度出发，补充以上论述的不足之处。

注　释

1　文治，日本年号，1185—1190。（编注）

2　元永，日本年号，1118—1120。（编注）

3　寂莲（1139？—1202），日本平安时代末期至镰仓时代初期的歌人、僧人，俗名藤原定长，《新古今和歌集》的编撰者之一。（编注）

4　有家，即藤原有家（1155—1216），日本平安时代末期至镰仓时代初期的公卿、歌人，《新古今和歌集》的编撰者之一。（编注）

5　雅经，即飞鸟井雅经（1170—1221），日本平安时代末期至镰仓时代前期的公卿、歌人，《新古今和歌集》的编撰者之一。（编注）

6　通具，即源通具（1171—1227），日本镰仓时代初期的公卿、歌人，《新古今和歌集》的编撰者之一。（编注）

7　显昭（1130？—1209？），日本平安时代末期至镰仓时代初期的僧人、歌人，著有《古今集注》等。（编注）

8　民部卿，日本官职的一种。此处歌合指的应该是日本平安时代初期至前期的公卿、歌人在原行平（818—893）任民部卿时举办的诗歌比赛。（编注）

9　顿阿（1289—1372），日本镰仓时代后期至南北朝时代的僧人、

歌人，著有《草庵集》等。（编注）

10 贝克尔，即奥斯卡·贝克尔（Oskar Becker，1889—1964），德国哲学家、逻辑学家、数学家，对美学深有研究。（编注）

六

幽玄与有心（二）

　　在这里，我要暂且离开当前的问题，对一般性艺术上的样式概念尝试简单的批判和探讨。这样一来，我们就能以某种样式论的方式，阐明日本歌学风体论的特殊性。最近在西方美学方面，由于种种情况，样式问题唤起了特别的关注，仅仅是关于其概念问题，就已经有瓦拉赫、沃尔克特[1]、凯因茨[2]等人的论文问世。这些论述的中心都是样式概念，将其分为价值性、规范性含义和非价值性、叙述性含义，又或者考察这两种含义的关联。后者脱离了价值，这种单纯应用于叙述性含义的样式概念，其例子就是我们现在在美术史等方面能够看见的东西，沃尔夫林的样式概念也是在那个意义上被人们熟知的。与此相对，价值性含义的样式概念，其典型的例子就是歌德曾经对这一概念的定义。他设想了一个比单纯的自然模仿和强调主观表达的方式（Manier）更高级的综合阶段，将其定义为艺术表达的最高境界，并把这一境界的概念称为样式（Stil）。歌德认为，艺术的最高理想在于直接观察并表达自然的深层真理，这一真理绝不是单纯的自然客观的真实性，也不是单纯的主观印象的直接性，而是二者在更高层次综合起来的产物。对于这一真理的表达便是"样式"。再看相对近期的论述，沃尔克特在有关样式概念的论文中阐述道："无论在任何场合，样式概念都应含有积极的价值含义。"他所谓的样式，必须始终含有实现艺术本质的形式规定性，或者艺术和艺术发展的内在条件所要求的形式特性。因此，其中始终包含一定程度的价值含义。很显然，这与沃尔克特认为美学是一门规范性学术的根本立场相关。

然而，只有这些尚不能让作为价值概念的样式含义变得清晰。接下来再看凯因茨的学说，他也认为样式概念中包括无关价值的因素和具有价值含义的因素，并认为后者，也就是样式所具有的价值含义，首先意味着艺术上特定方向中的"本质法则性"的充足，还将这种情况命名为"合法化价值"（Wertlegitimation）。譬如当我们说"这座建筑是哥特风格"时，这句话可以理解为完全脱离价值的叙述性概念。然而，只要那座建筑物满足了作为真正艺术的哥特风格条件，那么它就具备了价值含义。同样，"那是一首抒情诗"的描述可以说不具备任何价值含义，但只要那首诗真正满足了构成抒情诗的条件，它就具有价值含义。凯因茨在这般论述后还说："本质性价值含义中的样式，不仅是其本质得到了满足，而且在此之上，其艺术的形成还要显出整体的和谐、有机的关系和独创性等，如此方能成立。"总而言之，凯因茨的合法化价值应该可以成为让我们更深入思考这一问题的契机。

我认为，样式的价值性和规范性含义也有必要区分为两种含义：第一是关于艺术价值的等级或程度的规范性含义；第二是对一般作为艺术（或美学）的特殊价值内涵赋予特性，将其与其他价值内涵区分开来的规范性含义。前者在特定价值方向中意味着发展和达成的位置，后者则意味着规定各自价值方向本身的价值内涵结构。上文提到的歌德的样式概念很显然属于第一种含义，凯因茨对本质性价值含义中样式概念的思考也应该是第一种含义。但沃尔克特的解释，或者凯因茨用"合法化价值"表述的情况，应该主要是指第二种含义中的价值概念。但问题并不在于如何区分，而是在于被区分后的第二种价值含义和脱离了价值的纯粹叙述性样式概念之间的关系。凯因茨的"'本质法则性'的充足"在形式上也必须广泛适用于一般性的认知判断。因此即使将其定义为价值含义的一种，也无法在形式上将其与纯粹叙述性的概念区分开。为了让这一区分真正具有意义，这里应该将其解释为"合法化美学价值"。可是这样一来，在实际判定艺术样式时，将这一价值"合法化"的依据就不再是样式概念的特殊内涵（譬如哥特或抒情诗）本身，反倒成了针对一般性艺术形成或艺术创造品质的价值判断。如此一来，特殊样式概念就成了完全与价值割离的东西，其样式判定中加入的价值意义，反倒是来自其他方面的另一种价值判断的结果与之混淆的产物，因此问题会再次逆转，回到瓦拉赫做出的单纯样式概念的叙述含义与价值含义的区分。概言之，凯因茨对价值含义的思考方式还存在暧昧之处，这应该是他在思考艺术价值时采用了偏向客观主义的艺术学观点所致。另外，沃尔克特的价值概念始终要求积极的价值，我们如果按上文的主张，将价值含义严格区分为两种，那么其必然性就不可理解了。因为在第二种价值含义中，规定了特殊艺术方向价值内涵的"Was"就成了问题，至少在理论上，这种程度的差别和积极、消极的对立，就不必被视作问题了。

对这些样式概念进行粗略探讨的结果是，当我站在当下的现象学美学角度思考这个问题时，对于样式概念的叙述性含义和价值含义之间的关系，最为恰当的说法应该如下：我们划分的两种价值含义应是适用任何场合的严格区分，同时作为美学含义中的样式概念，其叙述性含义和第二种价值含义应该是不可区分的东西。概言之，根据这一结论（这里无法进一步深入为理论添加基础，着实遗憾），我们不同于瓦拉赫、凯因茨等人，而是承认美学上的一切样式概念中始终存在一定程度的价值含义，但这又不同于沃尔克特的看法，我们是将样式的价值含义严格区分为了两种。

现在让我们回到正题，重新从价值概念和样式概念的关系来看"幽玄"与"有心"。我在上文主张，对于一般性的"幽玄"概念，应该区分其价值含义和样式含义，并且粗略研究了实际的歌论和歌合判词。现在将它与西方美学的样式概念进行比较后可以发现，恰如歌德提出的样式概念，"幽玄"的价值含义在多数场合都相当于表达艺术的最高价值阶段（尽管在更深入的思考中，情况与之完全相反），而作为单纯样式概念的"幽玄"含义，则像上文得出结论的当今美学上的一般性样式概念一样，可以说是一种包含了规范含义和价值含义的叙述性含义。但如果只是这样，问题还相对简单。综观日本的样式论，也就是歌道中的风体论、歌体论等就会发现，上文阐述的价值概念和样式概念的关系中始终存在着西方样式论中不怎么出现的某种特殊问题（虽不能说西方艺术中全然不存在）。那就是在我上文分类的样式概念中，第一种价值含义很容易与单纯样式含义，或者换种说法，与叙述性含义的价值概念相混淆，因此在个体的样式概念间再次产生价值等级的问题，使歌道等样式问题进一步复杂化了。

在西方美学中，上文分类的第二种价值含义和叙述性含义的样式概念有着不可分割的关系，歌德的第一种价值含义（虽然它作为样式概念属于较少数）和叙述性含义的样式概念相混淆，至少在科学意识强烈的现代美学中几乎是不可能的。但是在西方美学中，譬如古典（Klassisch）这一概念生出了两种含义，其中并非没有此前论述的价值含义和叙述性含义相混淆的倾向，但自从浪漫主义的施勒格尔[3]等人将古典艺术与现代艺术的价值范畴分开后，以及现代艺术史的科学性确立后，至少在现在，这一含义的混淆已经几乎不可能发生了。如今倒是反过来，有一派极为偏激的艺术学论者要求过度的科学性，连第二种价值规范含义也呈现出被放逐到纯粹叙述性样式含义的倾向，关于这一点，我已经在介绍凯因茨等人的论述时阐明。在考虑日本歌学时，对于本来就狭义的艺术论研究，如果不关注其精细的歌体论等客观形式因素的各种条件，很难进行考察和分类，但作为构成其背景的一般性美学和艺术哲学的思考倾向（即使日本并没有具体发展出那种东西），全然不存在西方那种对"美感"与"艺术性"的区分，或者美学与艺术学分离的这般理论余地，可以说其基调始终是一种不可动摇的、特殊的、根本的、综合性的方向。（但是很显然，这关系到以一种独特的方式综合统一自然美与艺术美的、东方或日本美学意识的民族特殊性。）因为这一根本倾向，我认为在日本歌道等论述中，同时含有第一种和第二种价值含义的"幽玄""有心"概念，也同样充分显示出分化为单纯叙述含义（譬如定家的十体论）的倾向。另外，受到其本来极为复杂的价值含义的掣肘和牵引，在风体论和歌体论的一些场合中，细分的各种样式之间的一种新价值关系开始得到探讨。[另外，在《俳谐问答青根峰》（《俳谐大系四》）一书中，还存在"风"和"体"的区别（向井去来[4]著），那是歌学范畴外的论说，此处不予提及。]

总而言之，照这样思考下来，围绕"幽玄"和"有心"概念的中世歌学样式论思想的结构应该分解为以下形式：

（一）单纯的歌体，也就是以相对客观识别的词、姿等特征，识别和把握歌的形式的规定性。（但基于此前论述的艺术上的样式概念,我认为在这个场合既然提及样式,其中自然也融合了作为"艺术"的歌的一般性规范含义,也就是第二种价值含义,若进一步分析为"纯粹叙述性含义"和"合法化价值"会欠妥当。)

(二)代表歌的艺术(美学)价值最高位的样式概念。

(三)将代表这一价值等级最高位的含义放在根据(一)分类的各个歌体本身的范围中进行考量的情况。

(四)令其超越一种歌体的范围,在各种歌体之间进行考量的情况。

综上几点,(一)没有什么大问题,但(二)(三)(四)的关系就需要仔细考量。比如在(三)中,被放在最高位的价值很显然并不一定会变为(二)所指的价值。在"事可然体""鬼拉体"等样式范围内,虽然存在被承认是"最高秀歌"的作品,但它也只是那种歌体范围内的最高。另外,在(四)中被放在所有歌体中最高位的作品也只是作为"样式"的，或者说是作为"类"的最高之作，只要是在其样式范围内进一步考量个体的作品优劣，很显然它就不能直接代表（二）所指的价值。[比如俊成判定歌合中的一首歌为"幽玄"，但同时判其落败（当歌的样式与之不同时，问题会变得略微复杂），就可以从这一点进行解释。] 在这里，我为了方便表述，将（二）称为"价值样式"的问题，（四）称为"样式价值"的问题。事实上，前者意味着歌的一般性最高价值阶段，后者则当然意味着这一最高价值阶段的歌所处的样式范围。想来，俊成等人将"幽玄体"放在第一的位置，而定家等人选择了"有心体"时，他们所思考的当然是"样式价值"问题。只要问题被限定于此，就正如我之前所论，将俊成的"幽玄"与定家的"有心"过分靠近，也许不是妥当的做法。即使从俊成歌风和定家歌风的差异这一角度来看，也无法轻视代表"样式价值"的概念分化这一事实。（顺带一提，《歌仙落书》评价俊成的风体称:"高远而澄清，又甚为优美……恰如庭中有老松，日暮风雨急,隐隐传琴声也。"而评价定家则称:"风体存义理,其意深而词妙,气甚远而趣浓……恰如高屋广厦之庭院,雕玉之乐屋内,陆王且歌且舞。")

从美学的立场来看,相比"样式价值"问题,即意味着最高价值之歌所在的样式范畴问题,其实我们更应关注直接的最高价值本身的内容问题。

歌的一般性最高艺术价值和美学价值,也就是俊成的"幽玄体"最高秀歌、定家的"有心体"最高秀歌的美学价值的特殊内涵。正如我之前所论,俊成的"幽玄"与定家的"有心"之间并无太大差异,只是"有心"一词将"幽玄"对美学价值创造的反省朝其主体性方向更加深化了。所谓朝其主体性方向深化,定家在解释"有心体"时曾说:"蒙昧既散,性机至美。""吟咏之极致,案性遍及其中。"细细品味这些话语,自然可以理解。至于定家的"秀逸体"或"至极体",恐怕只是"有心体"中较为优秀的形式而已。正如上文所引,他在解释"秀逸体"

时用到了"心之深远""溢于言表""景趣悄然浮现"等话语，可以推断，它与（俊成论述的）"幽玄体"的最高价值似乎没有差异。概而论之，作为样式价值范畴的"幽玄"和"有心"，虽然应该加以明确区分，但在作为"价值样式"的终极含义中，二者恰如构成中世歌学三角形的两边，最终会相交于顶点。

注 释

1 沃尔克特,即约翰内斯·沃尔克特(Johannes Volkelt,1848—1930),德国哲学家、美学家。(编注)
2 凯因茨,即弗里德里希·凯因茨(Friedrich Kainz,1897—1977),奥地利哲学家、美学家。(编注)
3 施勒格尔,即弗里德里希·施勒格尔(Friedrich Schlegel,1772—1829),德国哲学家、诗人。(编注)
4 向井去来(1651—1704),日本江户时代前期的俳谐师,著有《去来集》等。(编注)

七

幽玄美学

以上，我从美学观点出发，对日本中世歌学中的"幽玄"概念进行了探讨，但这些探讨主要基于价值概念与样式概念的区别，还有二者相互影响的观点，因此到目前为止，这一考察并没有涉及"幽玄"概念的意义内涵，反而将重点放在了它的形式关系上。为此，我打算就近来议论的"幽玄"和"有心"的关系问题略陈己见，再根据这一方法阐明从美学立场来看，对于"幽玄"这一主题真正应该关心的问题究竟在何处（抛开国文学史和日本精神史的问题）。接下来，我还将思考这个意义上的"幽玄"的意义内涵，换言之，就是作为美学范畴之一的"幽玄"是哪一种类型的美。根据上文所述,中世的歌学家们针对这一概念的直接说明应该作为首要参考,但从另一个角度考虑,对于这个问题很显然我们不能期待这些人的论说中有完善的、能够让今日之人充分信服的美学反省。无论他们如何深入而敏锐地直接领会,甚至直观到幽玄的美,我们也不能指望他们会在论说中以概念式的话语对其精确地说明或表达。也许在这一点上,他们引用或判定的作为幽玄之歌的作品,或者对于幽玄之美的比喻,能够更好地直接传达他们的幽玄体验。但即使在这种情况下,具体的歌和实例究竟有多符合"幽玄"概念也颇具疑问。反过来,这种行为还会因为只阐明了其意义内涵的一部分,导致人们对这个概念产生误解和歪曲。但不论怎么说,作为考察"幽玄"概念内涵的直接依据,我们也只能依靠这些资料。正如上文所言,因为我们是从美学立场出发研究这个概念的,所以在这一过程中多少享有一些自由。如果能从上文列出的种种依据出发进行解释,并且在解释的方向上进一步体验到幽玄的美学种类

（范畴）和美学整个体系的关系，尤其是同美学范畴论的体系观点相对照展开思考，那么针对这个概念，也并非不会出现新解释的可能性。

通过上文，我们已知俊成在中宫亮重家朝臣家的歌合中对"浪打矶边翻白沫"、在住吉社的歌合中对"冷雨多寂寥"、在三井寺新罗社的歌合中对"晨起出难波"、在御裳濯川的歌合中对"津国难波之春""心不在此可怜身"等歌做出了"幽玄"或"幽玄体"的评判。除此之外，他在慈镇和尚自歌合中还对

萧萧冬日寒

山风又拂枯枝

长空飘白雪

做出了"心词幽玄之风体也"的评语，在六百番歌合中对寂莲的

郁郁荒野无人迹

篱外暮色深

悠悠鹧鸪鸣

做出了"篱外暮色若改为伏见暮色,则有幽玄之意。篱外暮色则过狭也"的评语。俊成的歌中较为有名的便是自评为会心之作的

又到夕阳时

旷野秋风浸我身

深草鹧鸪鸣

以及当时被人们推选为俊成杰作的

俯首思面影

仰望不见花

但有白云绕峰顶

如果是他人之作,俊成也许会毫不犹豫地给出"幽

玄"的评语。当时后鸟羽院[1]格外青睐俊成,还说:"尤合愚意之所念也。"(《后鸟羽院御口传》)而俊成对后鸟羽院亲咏的

　风吹花若云
　忽隐而忽现
　住吉野之月

也用上了幽玄之歌的评价。另外上文提到,长明在《无名抄》中解释幽玄概念时强调了余情,列举了俊惠的"明石浦间日渐明"及"月非昔时月"两首作品,评价其为"如浮纹之歌",他还列举了俊赖[2]的

　鹧鸪鸣声歇
　入江浜风起
　尾花泛波秋日沉

关于长明的"余情",时代更晚一些的今川了俊[3]

在《辩要抄》中列举了

> 风吹莲叶浮
> 水波越其上
> 秋蝉声声凉

评价其"歌之余情者此是也",然后说明了理由。他还说:"理之尽者,余情不存,而气韵不满。"另外上文提到,《西公谈抄》中也举出"海面有劲风"的歌作为"远白歌"的范例,另外此书还举出了

> 门前又日暮
> 风吹稻叶鸣
> 陋室迎秋声

作为"寂歌"的范例。

上文还讲到了相传为假托定家之书的《愚秘抄》的幽玄论,书中还言及"有幽玄之心词之姿,而令

人慨叹此歌之精髓实难吟咏者",并举出

 叶飘立田山

 鹿踏落叶正回返

 逍遥入深山[4]

作为例子。除此之外,《三五记》[5]举出了

 难波水上走浮标

 所谓伊人一望遥[6]

及另外两首恋歌作为"幽玄体"的范例,对于幽玄体中的行云体,举出了

 心中恋火熄

 悲恋熔化青烟里

 飘忽到天际

及另外两首,对于回雪体则举出了以下三首:

海风一阵阵

浪打千鸟两相分

声声鸣海滨

思情如山深

山深哪比心深沉

山路易行人难寻

空中飘云续又断

日久人情淡

望云怨苍天[7]

另外，在《三五记》中除了和歌的例子，还有汉诗的例子，但这些范例多少都有牵强之嫌，让人觉得"幽玄"的概念被大幅歪曲了。室町时代的《正彻物语》中的"幽玄"概念，上文也已经做过阐述，并引用了"无处可飞渡""花开花落一夜间""黄昏遇人影"等作品，以及《源氏物语》中的两首作为范例，说明正彻对歌之"幽玄"的实际思考。在这里，

我们只需重新品味那些作品即可。除此之外，正彻还举了

  苦恋不堪命奄奄

  君心若未变

  相见务须在今晚

  春宵如梦醒

  悲心常念生迷惘

  吾与人皆不可知

等作为幽玄之歌的例子。心敬在《潜潜之语》中将"幽玄"的含义解释为"心之美"，并举出了"临时筑屋守秋田""难波水上走浮标"，以及

  踏上越路和归山

  不知一去何时还

  勿忘再相见

山上眺远方

若非有雾墙

当见山下人熙攘

山风吹竹叶

乱发杂然声

吾已别吾妹

专心念妹情

我心本念已忘情

相逢皆是梦一场

却仍念故人

远望残月长太息

叹息君心移

又在别处更睡衣

路人皆为生计忙

谁人却立道路旁

等歌为例子。除了以上的众多和歌，我们还将俊成、长明、正彻等人的著作中提出的、以自然或人类现象作为具体比喻的事例纳入参考，仔细品味这些复杂体验，尝试分析"幽玄"概念的含义契机。

在进行分析时，虽然略显烦琐，我还是认为有必要从以下三个观点进行考察。

第一，将注意力投向"幽玄"概念非美学方面的、一般性含义。虽然这个概念原本来自老庄哲学和禅学思想，但这里并非一定要从那些特定的思想立场出发来解析它的特殊意义内涵，只是不局限在美学含义，而是将其视为一般性概念去分析其含义，这便是我最初要明确的观点。

第二，将注意力特别集中在这个概念的美学含义上，但这个观点所说的美学含义，借用奥德布雷希特的话，就是接受美学（Wirkungsaesthetik）的立场。也就是说，这一美学含义是指幽玄给予我们心灵（主要是感情）的心理效果，如上文所述，日本中世歌论和歌合判词中出现的"幽玄"含义，在这一观点下，多数表达的是其中的一面或多面。

虽不能非常精确，但可以极其宽泛地说，第一个观点以"幽玄"的知性侧面为主，第二个观点以"幽玄"的感情侧面为主。

第三，就是价值美学（Wertaesthetik）的观点，它将以上两种观点总结出的含义进一步综合起来，考察其整体含义的中心，或者说其根基处的"幽玄"这一特殊美学价值含义成立的原因。第一个和第二个观点都是对"幽玄"的含义体验进行了本质性的分析，但是第三个观点必须基于对"幽玄"的美学含义更深层结构的现象学反省，以及对有关美学价值体验一般性问题的思辨式解析展开考察。

将以上论述加以简化：第一是幽玄概念的一般性含义观点，第二是其心理学美学含义观点，第三是其价值上的美学含义观点。

注 释

1　后鸟羽院，即后鸟羽天皇（1180—1239），日本第 82 代天皇，1183 年至 1198 年在位。（编注）

2　俊赖，即源俊赖（1055—1129），日本平安时代后期的贵族、歌人，著有歌论书《俊赖髓脑》等。（编注）

3　今川了俊，即今川贞世（1326—1420），日本南北朝室町时代的武将、大名、歌人，了俊是其法名，著有《难太平记》等。（编注）

4　译文参考《新古今和歌集》（王向远译，上海译文出版社，2021 年版）。（译注）

5　《三五记》，相传为假托定家之名的歌论书。（编注）

6　译文参考《小仓百人一首（七绝版）》（陈兴译，浙江出版集团数字传媒有限公司，2016 年版）。（译注）

7　三首皆出自《新古今和歌集》。（译注）

八

幽玄美学的分析

前述三个观点中,我在这里先同时提出第一个和第二个观点,对幽玄概念的各种含义展开思考。

第一种,从一般意义上解释"幽玄"概念,也是以某种形式隐藏或者遮蔽对象,即不显露、不明确,有内包感。从其字面意义来推断,这无疑也是幽玄含义的一种重要特征。恰如正彻所谓的"薄云带月""山中秋雾笼罩红叶之风情",它意味着我们与对象之间存在淡化甚至遮蔽直接感官的东西。

从中又得出了第二种,也就是昏暗、朦胧、微明的含义。不解这一风情者都是"只爱晴空万里无云"。然而"幽玄"的这些性质在审美的感情效果上又具有了特殊含义，其中不包含任何对隐蔽之物、幽暗之物的恐惧和不安，它反倒是一种与露骨、直接、尖锐等含义相对立的温和、内敛、柔软。同时，其中还酝酿出了"霞绕春花"般朦胧的景气之趣，还有定家在宫川[1]歌合的判词中所说的"事心幽然"，即不过于明显地追求理性、大方、优雅的含义。

第三种，作为与之有着紧密关联的含义，在一般性的"幽玄"概念中也包含了与昏暗隐蔽之物相随的静寂含义。而在与这一含义相呼应的美学感情方面，譬如长明所说，它指的是在无色无声的秋日黄昏眺望天空而潸然泪下的心情，也是被俊成评价为幽玄的"冷雨多寂寥，苇草庵中惊梦醒"的心情，还是看见"野鸭盘旋在黄昏"而体会到的"动心"的心境。

幽玄的第四种含义为深远。这当然也跟上述含义相关，但即使在一般性的幽玄概念中，这一含义也并非单纯与时间或空间的距离相关，而是特殊精神上的，比如内藏深邃难解的思想（如"佛法幽玄"）。与之相呼应的美学含义就是歌论中常常言及的"心之深"，或定家等人的"有心"，正彻、心敬等人特别强调的"幽玄"。

第五种含义，也就是作为与之直接相连的含义，我愿称其为一种"充实"（Fülle）。幽玄之物的内容并非单纯的隐蔽之物、昏暗之物或难解之物，其中包含庞大而无穷的意义，是一种凝聚（inhaltsschwer，有意义）的充实，它的本质其实就在于上面列出的各种含义的结果。正如禅竹所说：

> 此幽玄，为多数世人所不可解也。事有欺瞒、心有得失、意乱而志不坚者，难明幽玄。（《至道要抄》）

也许在这个意义上，"幽玄"二字可以与幽微、幽暗、幽远等近义词区分开来考量。总之"幽玄"的这一含义在我看来,尤其是将其视作单纯的样式概念时,往往很容易被漏掉,导致这一概念出现高度的局限性甚至歪曲。

当然,这种充实在与艺术"形式"相对的"内容"充实性这种程度的意义上,已经被日本歌学充分注意到了。所谓"词虽少而心之深,所含极众者亦善也"(《咏歌一体》)便是其中一例。从美学含义的观点来看,我们在这里说的充实,当然也应该关联到非常广阔、沉重、强悍、长高或崇高之类的含义,就连在定家后作为单纯样式概念出现的"长高体""远白体""挫鬼体"等,只要不与幽玄的其他含义相矛盾,将其囊括到这一美学范畴之内也并非不可能之事。宗祇[2]在《吾妻问答》中阐述连歌的理想形态时,先说了"其肝要在于长高而幽玄有心之体",然后又说"所谓长高而幽玄之风情",可见他把"长高"与"幽玄"视作几乎相同的含义。前文已经提到,正彻评价家隆的

岸上松枝迎风动

年年月色更寂寥

仙鹤一声鸣

时这样说道："实乃粗犷强悍之歌体也。"随后又说："但非幽玄体也。"可见那时的"幽玄"概念从现在看来，受到了极大的束缚。被俊成评为"幽玄"的广田社的歌合中"乘船出海原"、新罗社的歌合中"晨起出难波"以及后鸟羽院的"风吹花若云"，都与家隆这首歌所指的范畴没有太大差异。

至于幽玄的第六种含义契机，则是与上述含义相结合的一种神秘性或超自然性。这在作为宗教或哲学概念的"幽玄"中是理所当然的，而那种神秘的、形而上学的含义也能作为一种美学意识来感知，并形成特殊的感情方向。但我要在这里指出的是，这是特殊感情方向本身具有的含义，而非作为和歌素材的宗教思想和观念中内包的含义。在宫川歌合中，判者定家对

远山流瑞水

行经此地垂

宫河相注连

乃成镇守印

做出了"义隔凡俗,兴入幽玄"的评价,这类歌和慈镇和尚自歌合中常见的吟咏佛教之心的歌之"幽玄",都不是这里所说的美学含义上的"幽玄"。在美学含义中,那种神秘感应该是与自然感情相融合,形成了蕴含在和歌中的一种深邃的宇宙感情。这一含义上的神秘宇宙感会自然而然地从纯粹地表达人类灵魂和自然万物深深契合的一刹那美学感应的和歌中体现出来,我认为西行的"野鸭盘旋在黄昏"体现的"动心"之情,俊成的"深草秋风鹌鹑鸣"的感觉,或长明的秋日黄昏远眺天空而流泪的感伤,多少都含有那种感觉。虽然形式有所不同,《愚秘抄》在解释幽玄时附会的巫山神女传说的神秘性和超自然性,更使其朝那个方向发展或是加以夸大了。

最后，幽玄的第七种含义，虽然与上文论及的第一和第二种极为接近，但与纯粹的隐藏或昏暗略有不同，反倒与非合理性或者说不可说性、微妙等性质相关。作为一般意义上的幽玄概念，它又与深远、充实等含义直接关联，是指冠绝言语的深趣妙谛，而将其带入美学含义当中，就是正彻在解释"幽玄"时爱用的"漂泊""缥缈"等词，是指一种难以用文字表达的不可思议的美学情趣。而"余情"也主要是这个含义的延伸，指的是除了歌的词与心以外，还有一种无法表达的缥缈的情感情趣，以及与和歌一同缓缓摇曳的风情。从接受美学的立场来看，尤其是在和歌这种特殊艺术样式中，对幽玄之美来说，将这种含义视为最重要的应为理所当然，正如我们之前所见，日本中世的歌论中，"幽玄"一语即使作为价值概念，在多数场合中也突出了这个含义，并且还被局限在幽婉情趣的含义中，最后发展成了特殊的样式概念。但在我看来，在作为美学概念的"幽玄"中，人们所理解的都只不过是其部分含义，若以过于偏重一点的态度去思考幽玄概念的整体，自然会难以避免地发生扭曲。

接下来，我要将上面尝试分析的多种含义作为一个整体加以思考。当我们从刚才列出的第三种观点，也就是从"价值美学"的立场展开分析时，作为美学范畴的幽玄概念的最核心含义究竟是什么？这就是我们最后要面对的问题。然而针对这个最后的问题，我只能在这里尽量简单地阐述一下自己思考的结论。因为要给那个结论寻找充分的依据，无论如何都要重新展开一场关于美学价值体验的一般性问题的基础探讨。若要将其探讨到不至于引起误解的程度，还需要更多的篇幅，但我并没有那样的宽裕。以下我论述的内容若有不足之处，他日或许有机会补足。

前面论述了在和歌中作为艺术最高价值的概念这一含义上，"幽玄"与"有心"是大体一致的，另外又尝试分析了幽玄概念的各种含义，设想了"幽玄"中的"深远"在美学意义上与"心之深""有心""心之美"等相呼应。因此沿着这种关系思考，在第三种的价值美学观点下所提取的幽玄概念最为核心的含义，不难想象其重点应该在于这个美学含义中的"深度"。然而我们必须注意，第三种观点下美学含义的"深度"，并不直接等同于第二种观点下美学含义的"深度"。从"效果美学"或"心理学美学"的立场来看，这个含义的"深度"归根结底是"心之深"或"有心"，但是那种含义的美学深度往往被视作精神自身价值依据的深度，也就是"精神"本身的内在始终贯彻的一种价值内涵，因此它也出现了动辄归结于非直观的、非美学的、道德价值方向的倾向。在日本歌道中，或谓"心之诚"，或谓"心之美"，或谓"有心"的概念，很明显经常容易朝向这种方向被解释。众所周知，西奥多·利普斯[3]的美学强调了美学感情的"深度"，这个"深度"当然并非那种狭隘的道德含义上的东西，但无可否认，它归根结底还是指向同样的精神性和人格性的价值。然而像现在这样真正地从"价值美学"的立场去解释美学含义中的"深度"，就不能单纯地指向作为美学主体的心的深度这种主观性的东西，而是主观与客观相融合的"美"本身的"深度"。譬如在思考美的"脆弱性"或"崩坏性"时，它不仅限于主观意识流动性上的含义，还被解释为与"美"本身的"存在"方式相关的东西。这种含义上的"美"本身的"深度"，其依据又该从何寻觅？如何从美学上说明这种性格？

正如许多人所指出的，流入日本中世歌学的"幽玄"思想的背景中，含有老庄和禅学这样的东方哲学思想。在俊成的论说和后面的心敬、世阿弥、禅竹的论说中，除了艺术论外，多少也能窥见佛教的思想。但他们的美学思想并没有朝体系化的方向发展，因此其背景中的世界观和哲学几乎没有显现出规定其艺术观的痕迹。为此，"幽玄"的问题也被完全地从其根源的世界观中隔离出来，在歌学中被局限在特殊的艺术论范畴内，并逐渐变形为具体的样式概念，结果在一般性地说明这个概念的内涵时，其中包含的美学含义的"深度"便止步于主观性观念论的方向。正因如此，现在若要从价值美学的观点阐明刚才指出的"美"本身的"深度"含义，就必须把幽玄思想的世界观依据代入到价值论美学的体系中思考，以此展开论述。这无疑是一个极大的课题，绝不应该轻易尝试。但至少能够通过这个方法，在阐明"幽玄"美本身的"深度"时，从主观性观念论转向客观性观念论，或许还能朝向同一性哲学，例如弗里德里希·谢林[4]的立场美学开辟新的道路。

关于美学价值体验的一般性构造，我一直在思考艺术感的价值依据和自然感的价值依据这一两极性问题。正如最近的奥德布雷希特的美学，相对于单纯地视前者为"美学"世界的狭隘思考，有人认为需要对艺术素材的自然美学意义同样给予美学的肯定，并且为其打下基础，以补足前者。然而在自然美学中，如果要将其艺术感的美学（例如通过艺术的想象力从中提取或是被赋予的东西）以及单纯的理性快感等要素全部去除，那么自然美究竟还剩下什么？如果将这里残留的东西全部视作美学的"中性"之物（如奥德布雷希特一派的看法），那么既要以美学的方式说明将"自然感情"推向某种特殊的发展方向，又在其基础上创造了独特的东方艺术美学特性，就会变得极为困难，或者不够充分。从这些观点出发，我思考了自然感的美学价值依据方面的另一极："精神"的一切自发意识性创造原理，也就是对"自然"的纯粹静观中蕴含的超理论的形而上学的含义，而这也应该被认同为一种美学价值原理。从这个意义上，齐美尔[5]与梅卡维尔等人在说明艺术表达的内涵之终极美学意义时，似乎考虑的是某种柏拉图式的根源性存在内涵，或者胡塞尔[6]所谓的"本质核心"之类的象征性，而我则在自然静观的美学意识中，思考纯粹完整的"存在"本身的概念在其美学对象中是如何被象征表现的，并由此思考其终极的价值依据（然而现在无法深入探讨这一点）。

总而言之，在这样思考美学价值体验的一般性结构的同时，我还以这一两极的艺术感的价值依据与自然感的价值依据的关系为基础，一方面阐明艺术的"形式"与"内容"问题，另一方面则思考能否略为系统性地研究自然的美学范畴。对于和当前议题直接相关的后者，我将思考从上述依据中直接演绎出来的基本美学范畴，也就是狭义上的"美""崇高"与"幽默"，并希望证明其他各种范畴，也就是美学异态之物，大抵是从这三种基本范畴出发，基于各种经验事实，采取单纯或复杂的形式派生而来的。虽然只是单纯的试论，但我也做好了更进一步展开这几点论述的准备，只是现在不得不全部略去。

这里提出的"幽玄"问题，我其实想将其作为这一含义中派生的美学范畴之一加以考察。最后针对作为美学范畴的"幽玄"问题，若为了得出一定程度上的结论而阐述必要的论点，我首先会提出，相对于"艺术感的价值依据"，"自然感的价值依据"更占优势时，双方相融合、相渗透而产生的美学价值体验的内涵便产生了一种变容，这种情形可以认为是"崇高"（或者"壮美"）的基本范畴。（对此就要论述普遍思考中"崇高"概念的种种误解，尤其是某种道义的混入，此处同样不得不略去。）

从这种观点出发，我们在此探讨的"幽玄"之美应该主要是从"崇高"的基本美学范畴派生而来的一种美的特殊形态。我先前提到过，作为美学价值的"幽玄"，其核心含义其实是"美"本身的一种特殊性质，即"深度"。如果再去思考这一特殊的"深度"从何而来，那它也许是与作为"美"的基本范畴"崇高"中已然共同显现出来的某种"幽暗性"（Dunkelheit）（顺带一提，费肖尔·弗里德里希·特奥里多尔[7]也很重视"崇高"范畴中的这一性质）在根源上相通的东西。而"崇高"的基本范畴如果能从美学价值体验结构上的关系解释，那么它包含的"幽暗性"，在我看来主要是自然感的美学依据中的"存在"本身的概念象征，被投射到整个美学体验中的某种"阴翳"。关于"存在"本身的概念象征，当然也需要更详细的说明。总之，扬弃"精神"的创造性，将全部"自我"归结并深潜于"自然"的给予性，形成纯粹的静观，或是贯彻"止观"的境地，这时，自然与精神，或是对象与我成为一体一如的关系，于刹那中窥见"存在"本身的全相，同时"个体"存在扩充为"整体"存在，微观宇宙扩充为宏观宇宙，这便是美学体验的特殊性。它与奥德布雷希特将艺术感的美学依据单纯地解释为一种"美学明证体验"和"感情明证"的美学意识原理正好处在相反的两极。故从这一侧面来看，可以想到，与"艺术美"理解中特有的明确性所相对的，是"自然美"的深邃体验中包含的幽暗性。（当然这里说到"自然美"时，"自然"的意义并不一定是指人类外界的自然，也可以指人类内部的自然。）想来，"幽玄"之美中特殊的"深度"，主要就是基于这样的关系，我在上文略为详细分析的各种"幽玄"概念的美学含义，归根结底都是从这个核心含义自然发展出来的。顿阿在三十番歌合的判词中对

远眺琵琶湖

水气氤氲掩残月

何处听浪涛

做出的评价是："景气浮眼，风情敏感。"且不论这一评价是否恰当，这种心理效果，尤其是风情敏感的意趣正是幽玄之歌共通的东西。正如上文所论述的，它应该可以称为我们的心在美学体验的刹那，接触到"存在"本身的整体性时所产生的感觉。

我大体就是基于以上的想法，认为"幽玄"是作为美学上基本范畴的"崇高"派生而来的一种特殊的美学范畴。尽管在理论上，这个一般性美学含义并不仅限于日本歌道乃至日本或东方的艺术，但在实际上，这个特殊的美学范畴是通过东方美学意识得到了显著的发展，而美学含义上的"幽玄"作为更为特殊化的形式，在日本中世歌道中得到了格外明确的认识和省察，这又是任何人都必须承认的事实。

注 释

1 宫川,发源于伊势国(今日本三重县)西南部的河流。(编注)
2 宗祇(1421—1502),日本室町时代后期的连歌师,著有《吾妻问答》《筑紫道记》等。(编注)
3 西奥多·利普斯(Theodor Lipps,1851—1914),德国哲学家、美学家。(编注)
4 弗里德里希·谢林(Friedrich Schelling,1775—1854),德国哲学家。(编注)
5 齐美尔,即格奥尔格·齐美尔(Georg Simmel,1858—1918),德国哲学家、社会学家。(编注)
6 胡塞尔,即埃德蒙德·胡塞尔(Edmund Husserl,1859—1938),德国哲学家,人称"现象学之父",著有《逻辑研究》《现象学的观念》等。(编注)
7 费肖尔·弗里德里希·特奥里多尔(Friedrich Theodor Vischer,1807—1887),德国哲学家、美学家。(编注)

下篇　　关于物哀

一

物哀概念的多义性

在《幽玄论》的结尾处已经阐述过，我本来将"美"与"崇高"（或壮美、das Erhabene）及"幽默"三者视作美的一般性基本范畴。从"美"（das Schöne）这一基本范畴出发，可以派生出一种稍显特殊的类型或形态的"优美"（或优婉、Grazie、Anmut），并且，同一根源也许还能向其他方向派生出美的一种新的特殊形态，那就是"物哀"。但这一点是构成本书内容外部框架的体系性问题，我虽然关心这一问题，然而本书实际要探讨的跟"幽玄"一样，是将"物哀"从美学范畴的体系性关系中暂时抽离出来，将其作为某种程度上单独的形态进行探讨。我在这里同样会略过深入上述根本问题的过程，而直接展开对"物哀"的考察。

众所周知，在国文学等领域的历史中出现的，用以表达日本国民美学意识或其内涵的话语中，"物哀"一词出现的频率比较高。不过，"物哀"的概念能否作为一种特殊的美学范畴或美学概念进行认知呢？如果能够认知，那么又该如何思考它的美学本质？假设它归属于美（das Schöne）的基本范畴，并可以认为是从中派生出的特殊范畴，那么它究竟是在什么意义上的特殊范畴？对于这些问题的考察，就是我目前要面对的课题，而这个课题从一开始就向我们展示了众多难题。

第一，假设"物哀"是美的一个种类，那么就意味着它是日本国民性的，而且主要根据平安时代的精神发展起来的，极为特殊而独有的美学内涵。"物哀"在西方传统的美学研究中当然从未出现过，在日本国内也几乎没有针对它的严格意义上的美学研究。（以本居宣长[1]为首，我国学者中的确有人进行过类似的尝试，而且从其他观点来看，那些尝试都可谓杰出，但尽管如此，从美学观点来看，这些人的研究都很难称得上充分。）这一问题在"幽玄"及其他概念领域也一样。总之，真正从美学的观点出发，对这些东方的乃至日本的美学概念展开研究是我们应该主动肩负的责任，也是一个崭新的课题。

第二，"物哀"的问题伴随着特殊情况，使我们的研究变得更为困难。首先将"物哀"的概念与"幽玄""寂"的概念进行比较，会发现其语言的历史更为古老，应用的范围又非常广泛。"幽玄"的概念已经出现在《古今和歌集真名序》中，历史可谓久远，而"物哀"一词更是在记纪时代[2]就经常出现，其意义的变迁一直持续到了近世[3]的德川时代。根据某人的论说，"物哀"（あはれ）[4]从奈良时代回溯到上代[5]，其意义主要是"惹人怜爱""亲切"或"有趣"；到了平安时代，其意义变为情趣的体会；再到镰仓时代，它的词义就一分为二，变为意指"勇壮"的"あつぱれ"与意指"悲哀"的"あはれ"；到足利室町时代，这两种词义被融合使用；到了德川时代再次一分为二，对义理的胜利者称赞"あつぱれ"，对失败者则称"あはれ"表示同情，因此这一分支的词义缩小为"怜悯"。且不讨论这一论说是否恰当，单从这里就能看出"物哀"概念的历史跨度有多么长。另外，"幽玄"的概念主要在歌道和能乐中发展，而"寂"的概念主要在俳谐和茶道方面发展，二者都有略为特殊的领域背景，唯独"物哀"与之相反，不仅被应用于日本文学的各个领域，而且直至今日仍是人们极为通俗的日常用语（当然在这种场合中，其词义被限定在悲惨、悲哀或怜悯等范围内）。基于这一情况，"物哀"概念的含义自然比其他概念都丰富多样，而要把握其最核心的含义，尤其是其美学本质的含义也就变得极其困难。

关于"物哀"概念的美学研究的困难，其实并不仅仅在于其词义的多样性。在这里还需要特别注意的是,"物哀"概念的某种特殊背景虽然表面上不太起眼,却给我们的考察带来了更深层、更本源性的阻碍。也就是说,这个概念不管是赞赏喜爱之意,还是悲哀怜悯之意,都表达了一种类型的感情或感动。若从语言学的角度进一步深入考察其内涵的问题,或者更进一步考察其美学问题,这个背景大概率会使考察行动胶着于偏颇的心理学美学观点,从而导致停滞下来,妨碍我们向着美学更为深层及宽广的领域展开研究。当然以一般角度而言,心理学美学观点与一般美学观点的混淆也常常发生在其他领域中,即使从美学本身的立场出发,仅凭心理学的方法进行考察也并非不可能。总而言之,"物哀"的问题从其直接的意义内涵而言,其美学考察很容易被引向主观主义的方向。在我看来,这一偏颇对于充分阐明这个作为美学范畴的问题来说,是有害而无益的。至于这一点在以往的"物哀"考察中具体如何呈现,将在接下来的论述中明确。

注 释

1 本居宣长(1730—1801),日本江户时代的国学家,他提出《源氏物语》中日本固有的"物哀"情感是文学的本质。(编注)
2 记纪时代,指《古事记》与《日本书纪》的时代,前者是日本现存历史最早的书籍,编撰于712年,后者编撰于720年。(译注)
3 近世,日本近世的划分有三种说法,一为丰臣秀吉灭亡后,一为安土桃山时代(织田信长、丰臣秀吉)与江户时代(德川幕府)的合称,一为战国时代、安土桃山时代与江户时代的合称。(译注)
4 本书按照旧假名拼写,将"物哀"拼写为"あはれ",而按照现代日语拼写规则,该词拼写为"あわれ"。(译注)
5 上代,指日本平安时代之前有文献记载的时代,即飞鸟时代后期与奈良时代。(译注)

二

物哀的语义探讨

作为美学概念的"物哀"研究的出发点,自然必须探讨这一概念的一般性含义。而考虑到上文提到的这一词语的意义多样性,最稳妥的方法应该是先用目前值得信任的词典检索其一般性含义,同时从这一问题的历史文献中最出名的本居宣长的论说,以及与之相关联的现代学者的见解入手展开论述。此外,现在已经有许多学者从国文学的其他方面对这个问题展开了研究考察,并发表了论文,在这里我将略过对那些文献的直接引述。

首先,大槻文彦[1]编撰的《大言海》[2]将"物哀"

（あはれ）分出了三项，其中一项为感叹词，语义为"因喜、怒、哀、乐等内心所感而发出的声音"。在这一项中，"あはれ"被赋予了"噫"的假借字，而这个感叹词作为名词使用时，又进一步分为了两项，第一种是将"あはれ"作为单纯赞赏含义的名词，语义为"值得赞赏之事，优秀之事，大快人心"，假借字为"优"。意为"喜爱、慈爱"的动词"あはれむ"（疼爱，现代假名拼写为"あわれむ"）则是该名词的活用。第二种是将感叹词"あはれ"作为单纯哀伤含义的名词，语义为"值得怜悯之事，伤心之事"，假借字为"哀"。意为"觉得可怜，觉得不忍心"的动词"あはれむ"（怜惜，现代假名拼写为"あわれむ"），应为该名词的活用。但从这里就能看出，"物哀"一词的词义颇为丰富，而且极为粗略地说，其中包含了"优"所表达的积极含义和"哀"所表达的消极含义。也就是说，同一个词语中包含了两种乍一看互为两极的含义。

上面讲到的"物哀"的积极含义与消极含义，

很明显与客体或对象的"价值"有关。但是在思考这个价值关系时有一个需要特别注意的点，因为在这种情况下的价值关系绝不可能是单一的。首先，价值这一概念本身的内涵也存在问题，即使先不去讨论这点，此处所说的价值关系也至少应该分为三种情况：第一是对作为感情主体的我们自身而言的价值关系；第二是对客体，也就是其他主体而言的价值关系；第三是主体与客体共通的，也就是普遍性、客观性的价值关系。当然在实际中，这三种关系往往是重叠的。但即便如此，根据其重点的不同，我们被激发的感情的性质和特征也会产生显著的不同。假设主要的关系是对我们自身而言的直接价值关系，那么其积极的方向应该包含了主要以快感为基调的欲求含义，比如爱或痴情之类，相反，其消极的方向就是带有不快基调的厌恶或嫌恶之类的感情。不过在这种情况下，严格来说价值关系本身也具有二义性，必须区分有价值的东西（或者相反的东西）直接激发我们内心感情的原理，以及得到或失去那种东西给我们内心带来的感情效果。这意味着在后者的价值关系中，积极的感情便是欢喜，消极的感情便是悲哀。(第一种含义的价值关系中消极的东西，会基于第二种含义中不同的消极情况，反而生出积极的感情，反之亦然。)接着是第二种情况，即在对于相比我们自身而言属于客体的其他主体而言的价值关系中，积极和消极的关系也变成了间接的关系，因此其中可能出现对客体本身的感情效果与对我们自身的感情效果相矛盾的复杂关系（譬如嫉妒之心）。在这种情况下，在上文区分的价值关系的两种含义中，很显然主要包含了第二种含义（即得到或失去的情况）。但是大体而言，这种价值关系中的积极方向以庆贺、恭贺等感情效果为主，消极方向则以狭义上的同情或怜悯等感情为主。在第三种情况下，客观价值虽然也存在着主观方面的种种复杂的契机与复合的关系，但此时较为特征性的感情效果，大体来说积极的方向有尊敬、赞赏等感情，消极的方向有轻蔑、蔑视等感情。

但是，如果将"物哀"的价值内涵解释为一部分人所想的"生命力"，这种价值就不同于精神的价值或理想的价值，而是与上文区分的第二、第三，继而又与第一种情况的界限变得模糊起来，使得试图区分这几种情况的行为变得看起来毫无意义。不仅如此，"物哀"一词在其一般性含义上，足以囊括上文区分出的所有价值关系的情况，因此可以说，其积极的方向符合"赏""爱""优"等文字，其消极的方向又符合"怜""伤""哀"等文字。根据我的思考，尽管情况如此，或者说正因为情况如此，我们在从美学的观点审视这个概念时，才有必要分析并思考它的每一种价值含义。

所以，现在尝试将上文区分的三种情况下的价值关系中积极与消极方向的种种感情，与前面列出的"物哀"的一般语义进行比较，可以看出后者的"赏""爱""优"及"怜""伤""哀"看似几乎包含了前者的所有情况，但是精确地说，其中并没有直接包含上文论及的第一种情况，即主观性价值关系的消极方向中出现的厌恶与嫌恶的感情。与此同时，对于某种客观性价值的消极方向（即上文分类的第三种情况）而言，其中的轻蔑与蔑视等感情也没有直接包含在其中。然而所谓语用单纯是由习惯来规定的，因此"物哀"一语在用于表达单纯的感情动摇时，也许会与接续其后的表达嫌恶或轻蔑的句子联系在一起。但是正如上文的词典释义所示，"物哀"一词的直接感情内涵中并不包含嫌恶或轻蔑的语义。即使在面对嫌恶或轻蔑的事象时，它也不是直接发生的嫌恶或轻蔑的感情，而是超脱于自我，宁静谛观时产生的间接的慨叹之感——换言之，它变成了一种接近于悲哀或怜悯的感情，这时才能与"物哀"一语产生关系。另外，"物哀"即使有"爱"之意，在我看来，那种"爱"已经是极其接近"美学"含义的爱，换言之就是略带客观性质的爱的感情，至于与嫌恶相对立的自我中心的偏爱乃至于执着，在其中的含量可以说微乎其微。

简而言之，在我分类的价值关系的三种情况

中，第一种情况，也就是基于某个对象只对身为主体的我们自身所具有的直接价值关系的积极与消极感情，即使包含在"物哀"一语的本义当中，大体上也是极为稀薄的。而在第三种情况中，积极的价值含义在"物哀"的对象性层面是极为重要的条件，然而本来属于其消极方向的感情含义（如轻蔑等），在"物哀"的概念中含量也极为稀薄，反倒很难与第一种和第二种情况中的价值感情变形的、略为漠然的悲哀、怜悯等感情相区分。

这些对于语言学家来说也许只是无用的思考，但是对于我们而言，却是非常重要的问题。因为我们可以从以上考察中得出这样一个结论："物哀"的概念中包含着极为多样的感情含义，而且同时包含了价值含义上的积极与消极两个方向，但是"物哀"所指的精神态度，一般来说却是一种已经预见到的静观态度（Einstellung）。在此之上，这种静观的态度在"物哀"的积极与消极两方面感情的根源处，始终预见着带有客观普遍性的"爱"

(Eros)。概而论之,相对于莫里茨·盖格尔³的美学中所谓"观照"(Betrachtung)——"自我与对象的隔离",或者西方美学中常常论及的"静观"(Contemplation),又或者日语中的"咏叹"等含义,"物哀"的概念从一般性而言,是具备更积极的美学意识的、普遍心理学条件的感情态度。

注 释

1 大槻文彦（1847—1928），日本语言学者，因编撰日本第一本近代国语词典《言海》而闻名。（编注）
2 《大言海》，日本明治时代的词典。（译注）
3 莫里茨·盖格尔（(Moritz Geiger，1880—1937），德国现象学哲学家、美学家，代表作有《艺术的意味》等。（编注）

三
宣长对物哀的探讨

接下来要论及本居宣长关于这一问题的看法。只要是对该问题多少抱有关注的人，基本上都很熟悉他的论说，与之相关的《玉之小栉》及其他文章也经常被各种书籍引用。但是现在，为了贯彻我自身对宣长的解释以及批判的主旨，有必要略为详细地，且根据其原文来了解宣长论说的内容，所以在开始论述前，我将首先引用所有需要用到的内容。

众所周知，宣长在其撰写的《玉之小栉》第一与第二卷中论述了《源氏物语》全篇的核心，极力反对古来众多学者因受到儒、佛思想的影响，将此书解释为惩恶扬善之书，或从中找寻佛教含义的见解，转而强调了此书作为文学作品的美学自律性，宣称《源氏物语》的终极目的与精神是对"物哀"的表达。与此同时，他还尝试对"物哀"的概念进行了极为详细的说明。下面将引用他的论说：

乃知物之哀也。所谓物之哀者，所见、所闻、所触碰之物，有感而生慨叹，即今之所谓"呜呼""噫"者是也。譬如见花月，感慨"呜呼，好花""噫兮，好月"。所谓物之哀，乃二者相交叠也，汉文亦如是。

往昔歌中之物哀，有"孤松之哀""其鸟之哀""夜宿之哀""怀古之哀"，直叫人呜呼慨叹，此词之本也。

感物之哀，亦为物哀也。《古今集》之序中有言哀云霞者便如是。又后世所谓物之哀者，取"哀"之字，单指悲哀之意，然则物哀非限于悲哀，心中欣喜、感事物之趣、雀跃欢快、忍俊不禁者，皆可称为物哀。可见物哀既有忍俊不禁，亦有心中欣喜。忍俊不禁、心中欣喜之时，情之所动处，便是物哀。然忍俊不禁、心中欣喜可称为物哀者固多，欣喜有趣之感不深，人之众多感情中亦有悲伤、忧郁、思恋、心有所想而不得之感,而其感触至深者,亦为物哀。俗语所谓悲哀,便应其心也。

字书有云,感为动也,心既动,无论好坏,凡动者皆为物哀之感,故物哀一词极为恰当也。

物之哀亦然,所谓物者,人之言为物言,人之述为物语,又拜物、见物、忌物,等等,所用甚广。人遇事物,心有所感,知心所感则知物哀,见感人之物而不知心所感,乃是不知物哀,其人亦为无心之人也。(《本居宣长全集第七卷增补》)

在以上这段文字中,有许多我们应该注意的问题,这些将在后文中论及。这里首先需要注意的是结尾处对"物哀"的说明,也就是"人遇事物,心有所感,知心所感"这句话。这应该是没有多少人会注意到的地方,但也是从美学立场出发应该注意的文字。我将在接下来对引用宣长的其他著作的说明中,一边对照一边阐明。宣长在论述诗歌本质的《石上私淑言》上卷中,也提出了"何谓知物之哀"的设问,并对此做出了解答:

《古今序》中有言,和歌者以心为种,发万物之言,此心便是知物哀之心也。《真名序》所谓思虑易迁哀乐相变者,亦为知物哀也……凡世间之物皆有情。

其上人比禽兽更善于言语,遇事之多,所思亦繁也。故人须有歌也。所思甚繁至深何为?乃知物之哀也。善于言语者,每遇事物,皆情动而难静,情动者时而欣喜、时而哀愁、时而愤怒、时而开怀、时而欢乐有趣、时而恐惧忧伤、时而美丽、时而怨恨,或思恋或喜爱,所思甚众,乃知物之哀而动心也。知而动者,譬如遇欣喜之事,心生欣喜,因其心知晓此事欣喜,故有此感。不知其事之心时,既无欣喜亦无哀愁,心无所思。无所思则无歌也。

通晓事之心者,亦有深浅,禽兽为浅,与人相较则如不知事物。人善于知物,而深晓事之心者,乃知物之哀也。其人中亦有深浅,相较深知物之哀者,亦有人看似不知物之哀,二者相异甚巨,故不知物之哀者常有也。此非全然不知,乃是深浅之别也。(《本居宣长全集第六卷》)

我在上文指出,《玉之小栉》中提到的"知心所感"值得注意，而在上面引用的《石上私淑言》中，宣长再次用"通晓事之心"这句话强调了同样的观点。

除此之外，还有一段与《玉之小栉》内容相同，但创作时间应该更早的《紫文要领》的文字说明了"物哀"的概念。其根本思想与前述文字并无不同，但应该特别注意的是，在这段文字中，"知物之心"与"知物之哀"被结合得更为紧密，"物哀"意识中的知性客观因素得到了更高的强调。因为《玉之小栉》与《石上私淑言》中，最为明确地提示了我在上文引起注意的论点的思想原型，所以那个论点的真实意图才得到了充分的理解——而我在上文提到那是从美学上应该注意的一点，其理由至此应该十分明确了。譬如宣长在此书中写道：

见脆弱之器，思其精巧者，则知物之心，知物之哀之一端也。凡事皆如此。行恶事而取乐者，见恶事而知其恶，乃知物之心，知物之哀也。

通晓物之心,则知物之哀也。恰如在世俗中,通晓世间之事而为人者,心更善也。

男子哀恋女子,乃知物之心,知物之哀也。皆因其见善而思善,是知物之心也。女子之心哀痛男子之志者,本为知物之哀也。物语之中此类甚多。(《本居宣长全集第十卷》第257～258页)

《紫文要领》中论及的"物哀"的概念,将"知物之心"与"知物之哀"结合起来,就非常接近今日美学中所谓的"直观"与"感动"的调和,也就是美学意识的一般性概念了。下面这段文字可以进一步说明这点:

此物语之五十四帖,其心皆为知物之哀。物哀之意,乃为前文所述也。天地世间万物,目之所见、耳之所闻、身之所感,心中品味万物,则自通晓万物,是知事之心也,知物之心也,知物之哀也。若言其详,通晓之处,便是知物之心、事之心也。通晓之后心有所感,乃知物之哀也。譬如见锦绣盛开之樱花,见花开者为

知物之心也。通晓花之盛开，而思其锦绣者，是物之哀也。(《本居宣长全集第十卷》第273页)

应该说，这段可谓冗长的说明反而让人充分理解了他的意思。只不过"通晓"一语中，"直观"与"辨证"的区别难以避免地被模糊了。

另外，继续研读此书极尽详细而略显冗长的说明，就会发现这一概念还格外接近今日美学中所谓的"移情"。譬如：

> 见他人之忧愁而心感哀伤，如此哀伤者，因知哀伤之事也。是知事之心也。心中知晓哀伤之事，见人之哀伤，我心亦有感者，物之哀也。既知哀伤之由，总是感不同身受，亦自然有不忍之心，与之共鸣，是人情也。

这属于"原始移情"。而宣长又在同一段话中解释了"象征性移情"：

《桐壶卷》中"哭声多似虫鸣处",此等皆为见物生情,知物之哀也。其时从其心,见一物而所感不同也。所见所闻若是无心,则无哀亦无喜,随其人而变,由其心而定也。(《本居宣长全集第十卷》第2745页)

四

物哀的感情深度

对于宣长的"物哀"之论,现代国文学者中有人尝试过做出这样的批判,即宣长认为悲哀的感情最能体现物哀的特色,证明他具有敏锐的洞察力,然而既然已经论述到了这个程度,难道不应该在物哀的一般用法中也承认这一特色吗?详细说来,宣长说过"欣喜有趣之感不深",但是"欣喜有趣"也存在有感至深的情况,难道不是唯独那种情况才能称为物哀,而物哀的意义应该在于"有感至深"才对吗?宣长在认同"物哀"的价值时,也许想表达的其实是这种观点。——这便是批判的概要(冈崎义惠[1]《日本文艺学》,"物哀的考察")。

首先来看《玉之小栉》的论述。宣长似乎将"有感至深"定义为物哀的重要条件之一。但是在谈论有感至深的时候,"深"究竟是什么意思?根据冈崎的论述,"深"的解释是:"有感至深,咏叹之情态者,无论何时何地,皆带有哀调,有感情得到反省之姿态,而在欢乐或激怒等场合不可发生。"可是,为什么有感至深必然伴随着哀调呢?有感情得到反省之姿态时,为何一定要有哀调?这些观点并不明确。

本来,感情的"深度"(Tiefe)是一种极为含糊而多义的概念,其含义可以有多种解释(在美学领域,特奥多尔·李普斯[2]和莫里茨·盖格尔对于这一概念都有独自的解释)。这里且省略与之相关的一般论点,只在必要的范围内展开思考。我认为在分析宣长的论述时,必须把"深"分为两种含义进行思考:第一是作为纯粹的感情,在体验中存在着足以动摇自我的某种强度;第二是在这种体验中,自我本身深潜于这种感情及其动因之下,对其进行安静的谛观或反省,也就是内向意义上的深度。前者是指单纯的感情的强度或深度,后者则是由感情体验带来的自我心境或态度的整体性深化。因为是整体性的,所以此时不仅是感情本身,连知性反省的含义也显著深化了。当然,实际上在众多感情体验中,尤其是在物哀的体验中,知与情这两方面紧密融合、共同作用是不可否定的事实。但是从理论上说,思考"深度"的重点在于哪个侧面是可能的也是必要的。(当然这种区分也要同时考虑到感情过程的时间性缓急,但这里暂且不论。)

《玉之小栉》提到了"感为动也,心既动",《石上私淑言》提到了"每遇事物,皆情动而难静",而"物哀"的语源又是"呜呼"与"噫"相重叠的感叹或感动之声,这时,"物哀"便只有感情深邃而强烈,动摇了自我之意。在这个意义上,不论感情内涵如何(也就是不论欣喜还是有趣),只要发展到了感动的形态都可以成为"物哀"。也就是说,宣长立足于"物哀"的语源含义,首先论述了这个概念的一般性含义适用于所有感情。但是考虑到感情与激情的区别,这里的感动之"动",主要是自我的被动形态,而与憎恨、嫉妒、愤怒这些本能激发的"动"直接相关的因素则不在其范围内。因此,比如《源氏物语》中弘徽殿女御那样嫉妒心强的人,即使被归类为不知物哀之人也毫不奇怪。另外,从不同的意义来说,僧侣这种远离尘世、将宗教感情视作生命的人,其实也一样。

宣长又在《玉之小栉》中论及:

> 欣喜有趣之感不深,人之众多感情中亦有悲伤、忧郁、思恋,心有所想而不得之感,而其感触至深者。

这也是值得我们格外注意的地方。但是在解释这段话时,必须先深入洞察他的思想,把握其真意。我认为,在理解宣长的论述时,对这个部分的感触"至深"的解释,应与前面的部分略有不同。宣长在上文中论述道,欣喜和有趣都是单纯作为感情的强度以感动的形态表现出来，那么在这一含义上，"至深"是可能发生的，而作为这种感动的抒发，"物哀"也是可能的。如果仅从表面去理解宣长的论述，确实有可能误以为他的前后文所指的感情深度是同一含义，只是将论述的重点放在了程度或频率的差异之上。也就是说，这段话可能被理解为高兴的感情有时也能发展到足以称为"物哀"的"感动"程度，但那是极其罕见的，而与之相反，悲伤、爱恋等感情则"感触至深"。宣长在写下这段文字时，也有可能真的是这个意思。但是我认为，将宣长的这段论述与他在其他著作中对"物哀"的详细说明结合起来解释，则即使在让人认为是只有程度之差的文字中，也已经不知不觉地代入了感情"深度"的另一种含义。这里说的另一种含义，就是我在上文区分的感情"深度"中的第二种含义，概而论之，就是主要伴随着知性侧面的直观或谛观之深度的感情体验。接下来再讲讲我的这种解释的依据。

在《玉之小栉》的说明中，宣长首先从"物哀"

的语源含义出发，说明了它作为感动的一般性意义，在"然忍俊不禁、心中欣喜可称为物哀者固多"之后，他又举出了"悲伤、忧郁、思恋、心有所想而不得之感，而其感触至深"的点。其实他是把问题从"物哀"的普遍性含义转移到了略为特殊的狭义上。但是与其说这仅仅是同一个概念的广义与狭义的解释，不如说其本质应该是提示了将问题从"物哀"的心理学含义拓展到美学含义的契机。如果从语言学的角度单纯探讨其语义的广义与狭义，那么他也应该举出狭义的用例，但他只引用了《源氏物语》中《若菜卷》的"但愿它（梅花）能和樱花同时并开才好"，指出梅花虽也是花，但心中欲赏之花乃是樱花，以此例证语言的使用方法（这一部分在我上文的引用中被省略了）。

想来，这一狭义的"物哀"其实正是《玉之小栉》整体的目的与主题，也就是针对《源氏物语》的特殊"精神"或"感情"的思考。而与此同时，问题显然从语源性、一般性、心理学的含义转移到了特殊的文学乃至美学的含义，正因如此，这里论及它的狭义时，反倒相对简单一些。另外，文中提出了悲伤、忧郁、思恋等感情作为欣喜和有趣的对立面，然而思恋等感情作为体验已经具有极为复杂的结构，不得不说，这种感情中的"深度"已经不是单纯的感情本身的强度了。当然，虽然可以说不圆满的思恋之苦往往令人拥有病态式的强大，但是这种感情的内涵极为复杂，相比其他更单纯的感情对自我的震撼，不得不说其意趣是截然不同的。另外，相比欣喜、忍俊不禁等积极的生活感情，哀愁、忧郁等消极的生活感情在单纯的感情强度之外，其体验的动机和依据更令我们醉心，让我们倾向于主动将其谛观为一种形而上学的普遍性——一言以蔽之，就是我们前面区分的第二种含义上的感情体验的"深度"更容易产生，这作为人类一般心理的事实已经得到了公认。然而这个事实要如何、通过什么理由生成，则应该关联到世界观、人生观的问题，从哲学角度进行阐明，我在此并不深入。如果仍有人对这一事实的普遍性存疑，至少在精神层面直接或间接受到佛教世界观影响的民族和时代中，是可以肯定其事实性的。

以上都是仅针对《玉之小栉》的论述，接着再看《石上私淑言》及其他文献中的说明，就能进一步确证我的解释。在《石上私淑言》中，宣长认为人类相比禽兽"所思甚繁至深何为？乃知物之哀也"。而在知物之哀这一含义的感情体验中，知性直观因素的参与是一个甚为重要的条件，即"通晓事之心"是关键，且从上文引用中可知，其中还有"深浅之别"。因此所谓有感至深，指的是"物哀"的本来意义，即平安时代的物语中出现的"物哀"。那种深度的意义也伴随着深浅的观照和谛观，是一种渗透到自我的整体性中的感情体验，而这种体验的结构也可以称为直观或感动在自我的深处相互渗透，而这正是一般性的美学意识得以产生的本质条件。

上文已经提醒过，宣长对"物哀"的说明，通过《紫文要领》进一步明确了上面讲到的含义。文中提到，对器物之巧拙的鉴赏，也是"知物之心，知物之哀之一端"。从这里出发，真正的艺术鉴赏的美学意识则不仅仅是知物之哀之一端，反而是构成其核心的东西。当然，宣长从未论述过今日美学意义上的艺术美学意识，但是他阐述了譬如"见锦绣盛开之樱花"而享受其美感，这种意识便是"物之哀也"，可见在其言论中已经暗示了"知物之心"（直观）与"知物之哀"（感动）相融合，向着纯粹美学意识发展的道路。这件事究竟意味着什么呢？也许我们至少能够从宣长思想的一个侧面所展现的雏形中看出他的观点，即感情本位的单面性的主观主义观点绝不足以说明作为一种美学意识的"物哀"。

因此我们还须注意，宣长所说的知物之心、知事之心所代表的物哀感情体验中的直观与静观，其实与日本国文学者所说的对感情本身的凝视截然不同。因为前者是与客观事象的内涵，也就是感情体验的动机依据相关的，后者则是对主观感情本身的反省，或者说是自我对自我感情的谛观。我认为，宣长的"物哀"之论概括来说，其实是站在混合了语言学、心理学、美学等的立场上展开的论述，但是在《紫文要领》中，他在思考"物哀"的美学含义时略为强调了"知事之心"的客观侧面，其中包含向更深层次的思想方向发展的契机。然而大体而言，他的论述还是止步于近乎移情论的心理学美学领域。因此，现代日本学者在探讨、解释或修正宣长的论说，试图发展其美学观点时，反倒容易将其进一步缩小，导向单纯的心理学主观主义美学方向。但是从这种观点出发去解释，除了其他种种难点之外，还会理所当然地遇到一种困境。那个困境体现在作为美的"物哀"中的价值含义的说明上。比如"物哀"的根源处始终有着"对对象的真实爱情，持有同情态度的严肃"；再比如"物哀这一心理状态出现在本真纯良、严肃的感情之中"（冈崎义惠）。在这些论说中，作为美的"物哀"的价值依据脱离了心理学的过程，转向了某种意义上的伦理学的价值。这是主观主义解释的必然结果。对于作为一般美学立场的主观主义，这里不做讨论，但是这里所说的"严肃"的概念，是否真的适用于说明"物哀"之美呢？假设根据理解方式的不同，严肃性也属于"物哀"的心理状态，但它的契机真的能够充分阐明"物哀"之美的特殊性吗？我对此持有怀疑的观点。

另外正如词典所示，在"物哀"的一般含义中既有"赏""优"等积极含义，也有"哀""怜"等消极含义，因此在对这一概念进行心理学的分析时，如何给这些乍一看完全相反的感情做出普适性的解释，就成了很大的难题。作为单纯的语义问题，正如宣长所言，这个词语本来是感动的抒发，因此普遍适用于多种感情内涵，也包括了相反的感情方面，这点并不奇怪。然而当这个概念作为某种特殊的美学范畴，其美学内涵成为研究对象时，我们就没必要一一分析"勇壮"或狭义的"哀怜"，反而只需要研究"赏""优"等积极的意义与"哀""怜"

等消极的意义在作为美学概念的"物哀"之中，也就是在一种新的美学含义的次元中被统合的关系就好。对于这个问题，将在下面进行详述。总之，我认为"物哀"的语义极为多样，甚至往往是相反的，要论证其感情含义的根源之处还存在着纯良的爱情或者严肃的同情，并将其统一起来进行分析，也许是无益之举。

注 释

1 冈崎义惠（1892—1982），日本国文学家、文学博士、日本学士院会员。（编注）
2 特奥多尔·李普斯（Theodor Lipps,1851—1914），德国哲学家、美学家。（编注）

五

物哀从心理学含义到美学含义的发展

通过以上论述,可知关于作为美学范畴的"物哀"的概念内涵,并提出以下两个问题:第一,"物哀"概念的一般性心理学含义与其特殊的美学含义的关系;第二,"物哀"概念所包含的广义的感情含义与这个词语在现代语感中最直接表达的悲哀、怜悯等狭义的关系。这两个问题理论上不一定相一致,正如宣长等人的论说所体现的倾向那样。但从实际来说,在我们研究古代物语等文献中体现的美学含义上的"物哀"问题时,它们是相互关联的,并不可避免地合流成一个问题。因此出于方便,我们也要将这两个问题视为一体,在它们的基础之上考察我们所说的，作为特殊派生的美学范畴的"物哀"是如何成立的。这一考察虽如上文所说，在某种意义上是考察作为美学概念的"物哀"成立的发源，但那并不是历史意义上或者语言学意义上的发源路径的问题，而应该是关乎其美学的发源——也就是从"物哀"的一般性、心理学含义出发，考察通过何种理论关系才得以形成其特殊的美学含义。这一考察关乎我们的美学感情体验本质，是以直接反省为基础的。正因如此，哪怕这个概念被限定在狭义的"哀""怜"等感情是后来出现的用法，那种历史性的或者语言学的关系对我们来说也不是问题。更应该说，我们顺应当代用语的"含义"体验，反而是以狭义的、最直接的"哀""怜"等意义内涵为出发点和依据，考察"物哀"的特殊含义发生于哪个方面，有着什么样的发展路径的。

针对宣长的物哀论说中的"有感至深"的含义，我在上文已做出自己的解释。我认为，这里的"深"具有二义性，宣长一方面立足于"物哀"的语源含义,说明纯粹感情的深度,也就是所谓的感动;另一方面,在说明"心有所想而不得"的"物哀"(此时其背后已经潜在着物语式美学含义的"物哀"问题)时,他所说的"深"包含了现代话语中的直观、谛观等知性客观的含义。将二者结合起来,宣长的"物哀"概念便接近于直观与感动融合之后的美学意识,可以概括为一种观照态度下的感动。因此,如果借用莫里茨·盖格尔的美学用语(详见其著作《美学享受的现象学研究》或拙著《现象学派的美学》),可以说像弘徽殿女御那般的嫉妒心欠缺了名为"漠然"(uninteressiert)的观照条件,而试图摆脱一切烦恼俗情的僧侣的宗教感情又过于"无私"(inetresselos),不适用于"享受"——也就是缺乏"感动"的因素——因此被排除在"物哀"的范畴之外。概而言之,在这个意义上,宣长正确认识了"物哀"的心理学美学的本质,我们不得不对其非凡的卓见与洞察力表示钦佩。但是从今日的美学立场出发,考察作为"物哀"的特殊美学含义,如果仅止步于这样一般性的观点难免不够充分。观照态度下的感动,乃至直观与感动的融合,虽然都是"物哀"成为美学"物哀"不可或缺的条件,但很难说充分。那么在此基础上,还存在什么样的条件呢?

要思考这个问题,首先要梳理"物哀"的种种含义是如何从心理学发展到美学的。上文略有提及,我们现在所说的"物哀",最直接的含义就是悲哀、伤心、怜悯等特定方向上的感情内涵。现在我们且称其为"物哀"的特殊心理学含义。那只不过是一种特殊感情的名称,还不足以与美学含义产生直接的关系。接着,它要从狭义的感情内涵"哀"中游离出来,作为普遍的"感动"或"感",扩大到一般性的范围。只有到了这里,"物哀"才如宣长所言,"哀愁""忧郁""欣喜"与"忍俊不禁"等种种感情都能适用。我称其为"物哀"的一般心理学含义。再到第三个阶段(当然,实际中也许无法区分出如此明确的阶段性),上述的"感动"含义中又添加了知"事之心""物之心"这样的直观契机,意识在发展为静观态度的同时,又踏出了作为美学感情的"物哀"的第一步。我认为这一步实质上与"物哀"的一般心理学含义相差不远，但还是可以将其区分开来。我称其为"物哀"的一般美学含义。或者更确切地说，应该称为一般心理学美学含义。总而言之，这其实是将"物哀"还原为到一般美学意识的问题，但这还不能构成美学上的任何特殊问题或者说范畴和类型的问题。

该如何才能从上述"物哀"的含义阶段更进一步到达"物哀"的特殊美学含义阶段呢？在论述这个问题之前，有必要讲讲与之相关的问题，并加以区分，以便深入进行这一美学考察。这一区分主要表现在，宣长等人把握"物哀"的形式，与我们从现代美学的角度上把握"物哀"的形式是不同的，这当然也跟上文讲到的"物哀"的美学含义观点的不同有所关联。宣长主要论述的是"物哀"的含义问题。而这个问题与上文讲到的"物哀"的一般美学含义有着必然的联系。"物哀"中的"物"的概念也是一个问题。假如暂且不谈这个问题，而只将其视作宣长的文字所表达的（见前文引用的《玉之小栉》）无规定的某种对象,那么可以说,在"物哀"这一问题的表达形式中,"物"就是对象的侧面并不存在任何规定"物哀"之含义的特别因素。"物"指的是能够唤起"物哀"这一体验的普遍对象,其形式上虽然是"物哀",其内涵却只是"哀物之哀"而已。(如上文所论述的,宣长思想的一个侧面也产生了与之略有差异的观点萌芽,但尽管如此,其"物哀"论在大体上依旧是毋庸置疑的主观主义观点。)宣长所谓的"人遇事物,心有所感,知心所感则知物哀"很显然地表达了这种意思。也就是说,"物"的一般概念从内涵而言,反倒是被"物哀"规定的。如果反过来,将"物哀"的"物"定为中心,那么这个"物"就成了哲学意义上的普遍之物甚至是普遍的存在,而所谓"物哀"就成了被那种广义对象所规定的某种体验,如此又会出现新的问题。但是至少在宣长的论说中,我认为完全不存在针对这个方向的思考。

正因如此，如果像宣长那样去把握问题，那么问题最后会落在"物哀"的主观意识性侧面，而"物哀"的概念又会像上文论述的那样，只不过是从心理学观点出发把握一般美学含义而已。然而我们的美学观点与之不同，是将"物哀"作为一个特殊的美学范畴，从它所呈现的不同于一般美学的特殊样貌出发来把握这个问题，因此这个特殊性的规定，最终必须在对象方面，也就是直观内容方面寻求依据。

再回到前面的问题，经过了"物哀"的含义阶段，又应该如何开辟通往其特殊美学含义的道路？想来在"物哀"的概念中，要理解这一特殊含义的发展，首先应该把握下面这种关系：把第一阶段作为特殊心理学含义的悲哀、伤心等感情方面，扩展到第二阶段的"一般心理学含义"，乃至第三阶段的"一般美学含义"上的"感动"，从而赋予"物哀"某种新的特殊感情方向。详细说来，最开始意味着特殊感情内涵的"哀"，其特殊心理学含义被排除或超越，成为第二阶段的一般心理学含义（普遍感动）或第三阶段的宣长所论述的一般美学感动含义的"物哀"，然后再发展到第四阶段，转向了新的形而上学（世界观）含义的、被特殊化的"哀"的感情方面，被赋予新的内容。至此，这一概念才产生了特殊的美学含义。所以我们所寻求的作为美学范畴的"物哀"的本质，其实是超越了狭义的、经验性的、心理学的哀感的"物哀"体验，进一步深化或渗透到美学感动及直观，也就是普遍之物、普遍存在的形而上学的根源，并在那个基础上使其扩大到世界观性质的含义，或者使其成为一种"厌世"（Weltschmerz）的普遍化的特殊的哀感体验。

根据我的思考，这种特殊的哀感从美学体验的一般结构而言，其动因或依据在于"自然感—美学契机"（这一概念需要详细说明，但这里可以粗略理解为"自然美"的含义）。日常生活中所谓的"物哀"体验会进一步加深我们的沉潜，进一步拓宽悌观的范围，也就是从世界万有的存在依据中提取出连绵不绝的哀感。正如神秘主义的特殊体验那般，它更容易通过横亘在人类生活背后的、对大自然本身的静观态度而被激发出来。而且，除却佛教思想的影响，从平安时代日本人的生活样式和时代精神来看，也能够佐证这一事实。

上述只是提示了作为美学范畴的"物哀"的特殊含义之所以能够成立的最根本、最粗略的路径，若实际审视出现在王朝时代物语等文献中的作为美学体验的"物哀"，就会发现它所具有的特殊结构，在大多数时候与根本关系相融合，形成了具体的相貌。接下来还要对这个问题论述一两点需要注意的事项。

六

作为美学体验的物哀的结构

　　如上文所述，体会"物哀"的直观及感动，可以深化某种意义上近似于"厌世"的特殊美学哀感。概言之，现实世界的万千事象在人们内心深处唤起的"物哀"，其实存在着共通的、本源性的幽暗深层之物，即便"物哀"的内涵是欣喜、忍俊不禁或者喜庆、优美，但这些积极的生活感情背后也始终存在着这样的深层体验内涵。这种深层体验的感情从其本来的情调而言虽是一种哀愁，但是由于混合了浮动于前景的"欣喜""忍俊不禁"等积极感情色彩，从中生出了一种难以用概念定义的、微妙的情趣或心绪。我认为，在平安时代作为美学感情的

"物哀",在表面奢华的贵族生活中,都具有这种特殊的结构。对于这一点,后面有机会将详细论述。

另外,"物哀"含义的成立依据,本质上虽然如上文所述,然而就具体的美学意识而言,无论在什么场合,它始终是主观方面与客观方面,或者说艺术感要素与自然感要素融为一体的存在,因此在考虑作为美学范畴的"物哀"的成立时,当然也要考虑作为美学意识的主观态度的问题。我认为,宣长所论述的"物哀"不仅是一般心理学含义或者说一般美学含义上的"物哀"的问题,而且提出了它进一步朝着特殊的美学含义发展的路径,然而在作为美学意识的主观态度本身这方面,亦存在着与特殊发展相呼应或者与之平行的某种关系。这一发展正如我先前尝试论证的,主要是朝着客观含义的方向前进,先从特殊心理学含义的"物哀"发展为囊括了众多感情内涵的一般心理学含义的概念,进而发展为某种厌世含义的"物哀"的内涵,其中第二阶段的一般心理学含义的"物哀",在超越了"哀""伤""怜"等特殊内涵的同时，又加入了谛观和咏叹的因素，其意识的作用接近于一般美学意识的作用。这时我们可以完全立足于主观主义的观点，让一般美学含义的"物哀"所体验的"态度"（Einstellung）再一次返回到作为特殊感情的"哀""伤""怜"上，使其与特殊对象或事态产生关联。想必现在已经无须明言，即使对象的侧面是一致的，我们的体验也已经无法回到最初的特殊心理学含义的"哀"上了。也就是说，那已经不是通过实践性态度感知到的"哀"，而是面对值得哀伤之物、值得同情之物、令人伤感之物时获得某种美学快感或满足的——或者至少可以说那种感情更占优势，这种特殊的体验方法，也就是意识的特殊态度。而从本质而言，它虽然属于上面讲到的第三阶段的"物哀"的含义，但从体验的具体性而言，不得不说也存在着较为特殊的地方。正如西方美学中称为"美学异相"的"悲壮""悲怆"之类一样，它们被认为能够激发某种特殊的美学满足或快感。正因对象事态的特殊性，才使得这种较为特殊的、复杂的美学体验得以成立。概而论之，我们此前认为促使作为特殊美学范畴的"物哀"得以成立的本质关系，实际上就是这个含义的美学快感乃至满足感情的特殊色调。

然而只有这个含义的特殊性（也就是心理学、主观态度的特殊性）之观点，还难以充分阐明作为特殊美学范畴的"物哀"的本质。当然，在平安时代的文学中，从作为美学宾辞的"物哀"的用例来看，那个概念很多时候似乎更强调了这个侧面。（后文将对用例进行系统考察，这里先不触及，不过在探讨这种问题时，仅凭用例很难形成依据，因为对于那些语句的使用者，我们不一定能够预测到他们具有对"物哀"的美学本质的正确反省。）譬如在某种意义上能够激发同情的弱小、纤细之物，或者在某种意义上，其外观能够促生哀怜之物，当它们作为一种美，成为我们伴随着特殊快感的美学感动的对象时，往往能够适用"物哀"一词 [接近可爱 (das Niedliche) 之美的场合]。而且在这种情况中，不仅是自然美学对象，连人类生活的世界中创造出来的事物形态之美似乎与之也多有关联。然而后者的情况，还存在着许多"有趣""优""艳"的因素，这些美学契机往往被认为会互相影响产生混乱。再如宣长所言之"哀愁""忧郁"等，也符合上文提到的关系，如果假定宣长所说的"有感至深"必然能够给人一种美学满足，那么他的"物哀"论就不仅仅是这个概念的一般美学含义，而是更进一步，从这个观点出发尝试把握《源氏物语》独有的、作为一种美学感情的"物哀"，也就是其特殊美学含义。然而就算理解了这一点，我也不得不说，他的论说从美学角度而言仍是不充分的。

根据我的思考，美学含义的"物哀"要超越心理学含义的"物哀"作为感情内涵的局限性，存在着两条道路：一是狭义的心理学"物哀"的动因被扩大并深化到形而上学的范畴，从而使作为"物哀"的普遍感动激发出作为美学范畴的"物哀"的特殊价值；二是对于本来狭义上促生哀愁乃至怜悯的对象和事态，完全主观地通过意识态度的改变超越那种消极的特殊感情，从而直接感受到特殊的美学满足。在实际中，两种道路往往合而为一，催生出平安时代那种美学物哀体验的特殊结构，但是从理论上来分析，我认为前者的关系才是本质性的。因为作为"美"的"物哀"的终极价值依据，很难用单纯的满足感或快感来说明，而且上述两种道路之中，后者存在着自身的局限性，如果心理学含义的"哀"的对象和事态会激起过于强烈的消极感情，诸如悲惨或哀痛等，那么要使一般人依旧从中得到美学体验，可以说就颇为困难。在这种情况下，如果不站在西方现代文艺史上接近于波德莱尔[1]或奥斯卡·王尔德[2]风格的唯美主义乃至恶魔主义这般极为特殊的立场，恐怕无法贯彻这一理论。不过平安时代的"物哀"意识根源之处的主要精神或者说世界观倾向，在某种意义上与唯美主义有着一脉相承的特质，这个问题以后有机会再详细论述。

注　释

1 波德莱尔，即夏尔·皮埃尔·波德莱尔（Charles Pierre Baudelaire，1821—1867），法国著名的现代派诗人，象征派诗歌先驱，代表作有《恶之花》等。（编注）
2 奥斯卡·王尔德（Oscar Wilde，1854—1900），英国著名作家、诗人、戏剧家，唯美主义艺术运动的倡导者，代表作有《夜莺与玫瑰》等。（编注）

七

悲哀与美

上文考察了作为特殊美学范畴的"物哀"从普通心理学含义的"物哀"概念发展出来的大概路径。为了进一步完善这一考察,下文将稍微变更角度,相对深入地探究原始的"物哀"的特殊感情内涵——也就是我们此前将其作为出发点的、作为被局限的特殊感情的"哀""伤""怜"等体验内涵与"美"之间本质性的内在关系。

正如上文论述的,一般含义的"物哀"概念要发展到作为美学范畴的"物哀",需要有特殊的路径和条件。然而,是否可以认为人类原始的悲哀、伤心等特殊感情体验与"美学"之间存在着某种特别的关联,或者说特殊的亲近关系呢?如果这种关联或关系真的存在,又该如何说明?首先,对于美与哀愁的特殊关联,可以举出众多浪漫主义倾向的诗人时常歌颂的事例。济慈[1]有一首诗《忧郁颂》,歌颂了哀愁与美本来具有的深刻关联。雪莱[2]著名的《致云雀》中,亦说道:"我们最美的音乐是最能倾诉哀思的曲调。"爱伦·坡[3]也说:"忧愁才是最为正统的诗意情调。"波德莱尔更是认为:"我找到了美的定义,我自身的美的定义。它饱含着热情、哀愁,以及让人浮想联翩的漠然。"其后,他又说:"我并非主张喜悦无法与美相协调。但是我敢说,喜悦不过是美的最平凡的装饰物之一。忧愁则是美的最佳伴侣,无论何种类型的美,我都无法想象其中竟会不蕴含一丝忧愁。(莫非我的头脑,是被施了魔法的镜子?)"随后他得出了一个结论,认为男性之美的终极形态就是弥尔顿[4]脑中描绘的撒旦形象。

即使这些诗人的话语中多少带有夸张和偏见，在生活感情中属于积极方向的喜悦之类的体验与属于消极方向的悲哀之类的体验相比，肯定还是有不少人认为后者带有更多的美学色调，或者至少在悲哀之类的感情内涵中具有一种特殊的美学要素（如上文所述，若将宣长的"物哀"论视作主观主义，那么也可以说，他是以"有感至深"这一模糊的形式去思考"物哀"的）。我们自身都感到这是一个难以否定的事实，所以接下来将尝试分析这一事实的依据。

首先，假设悲哀带有美学性格，那么从心理学角度而言，那就不是单纯的不快感，反而必须含有某种意义上的快感因素。法国著名心理学家阿尔芒·里博（Théodule-Armand Ribot）在其著作《感情心理学》（*La Psychologie des sentiments*）中阐述了"痛苦带来的快乐"（plaisir de la douleur），又论述了"美的忧愁"。对于悲哀中包含的特殊快感，布里耶（Boullier）称其为"痛苦中的快乐"（plaisir dans la douleur），斯宾塞（Spencer）称其为"奢侈的怜悯"（luxury of pity），西多（Sydow）称其为"苦中作乐"（Lust am eigenen Schmerz），可见许多人注意到了它的特性，并着眼于它在现代人的美学意识中具有的重要意义。可以肯定，"悲哀的快感"这种心理事实是将"物哀"的特殊感情转化为美学的一种媒介条件，但是从另一个角度来说，如果这种特殊的"快感"也可以视为"美"，则仅凭这点只能止步于对事实性的描述，我们还需更进一步去探究这种特殊"快感"的由来。

接下来，这个观点中的"物哀"感情的第二条件，我认为应该在于它的客观性。客观性一词用在这里也许不太恰当，但我所指的是一个根本性的事实，即相比喜悦与欢乐等积极的生活感情体验，我们的意识能够更直接、强烈且真实地感受到悲哀、忧愁这种消极体验的客观动因。这点或许关联到人们的人生观与世界观，但是我认为，单纯从理论角度上来看，也是可以这样断言的。当然，不论是欢喜还是悲哀（换言之，即不论是积极感情还是消极感情），若在所谓气氛情趣的形式上客观化、稀薄化，或者反过来作为直接刹那的主观性的强烈感动，也就是作为"立足于感觉中"（Drin-Stehen im Gefühl）的心理状态进行思考，可以说二者之间不存在任何区别。但是这里先不去考虑那种特殊形态，而是思考一般情况下这两种方向的生活感情的本质，那么作为我们的体验事实，二者之间应该存在着这样的不同：我们的生命存续、成长及发展，于其自身而言必然伴随着积极的生活感情。当然，譬如患病或者衰老，生命持续的过程中存在着生命力的显著消长。若健康状态以青年至壮年时代为基准，那么疾病和衰老在相对意义上意味着消极的方向，因此人们的意识中也始终伴随着悲哀、忧愁等消极的感情。但是这些积极性和消极性从宏观来说，只是整体能够朝着积极方向行进的、生命意识范围内的相对区别。所以即使是病人或者老人，如果能通过某种特殊的方法，不去强烈意识或反省这种相对意义上的自我生命的消极现象，就能始终持有作为生者的积极的生活感情。但从另一个角度而言，这个意义上的积极的根本性的生活感情，除了逃离死亡恐惧的瞬间这样的特殊情况之外，其积极的感情，例如欢喜的感情并不会作为直接的欢喜明确地出现在我们的意识之中。换言之，那是一种潜在的与意识之下的欢喜，是伴随着生命活动积极方向的必然感情，因此我们的意识在一般情况下对它是麻木的。

由此，我认为人类生命的根源之处始终存在着某种形式的积极的生活感情。日常生活中的种种悲欢体验都以这个根源性的、无意识的积极生活感情为基准，或是对应，或是激发，或是背离，或是损毁，根据程度的不同而产生作为特殊感情的意识反应。当然，纯粹的精神上的欢喜和忧愁也可能不受这种单纯的必然关系所控制，但是这里只论述人类的一般感情生活的根本关系。如此想来，如喜悦这般积极的感情，若非动机特别强烈，则很难在我们的意识中形成鲜明的体验，因此人们很容易觉得，作为这种感情动因的客观事态，也许在现实世界中相对较少存在。然而与之相反，悲哀、忧愁等消极的感情体验对于在生活中始终有意识去感知的人类来说，总是非常容易获得，因此让人觉得形成这类感情的动因充斥着整个世界。试举一个粗略的例子，比如我们乘坐汽车时，朝反方向移动的物体在我们的认知中会显得更明确（或更夸张），而朝同一方向移动的物体，就只有比我们所乘坐的汽车速度更快者才能得到明确认知。我当然没有意图用如此简单的道理来解释哲学上的厌世主义人生观的形成依据。但假如反过来，假设这样的生活感情理论能够成立，那么且不去论人生观的问题，还是可以认为喜悦等积极感情与悲哀等消极感情的体验方式在根本上是不同的，积极感情方向的动因很难脱离主观状态性进行思考，与之相反，消极感情方向的动因则始终是针对我们的"生"而形成的客观存在，因此很容易摘离出来思考。"物哀"（哀）体验中的客观性与我上文所论，指的都是消极感情方向的这一特性。

这个意义上的"客观性",也就是感情动因主体的游离性,使人们得以在"物哀"的体验中形成感情动因,或者说"事之心""物之心"的谛观,从而很容易发生感动与直观的融合,继而将感情体验本身加以客观化,赋予其咏叹的或者是情趣的外形。这便是作为"物哀"之哀感的特殊感情得以靠近"美学"的第二条件。

众所周知,日语中的"哀"(あはれ),取"物哀"(物のあはれ)的表达形式,被认为是宣长所论述的《源氏物语》的主题感情,或者一般性的诗歌内容。这里的"物"的概念,根据不同的解释会产生种种问题,而"哀"(あはれ)也常被表述为"物哀"。这种表达与"物悲"(ものかなしき)、"物忧"(ものうき)、"物寂"(ものさびしき)、"物凄"(ものすさまじき)、"物恐"(ものおそろしき)等词语形式相同,粗看之下,"物"(もの)一词似乎不具有含义。然而仔细思索其用例,就会发现"物"并非无意义的添词,而是将主观的直接感情投射

到了间接的外物之上，将其变为一种客观化的气氛情趣的表达形式。毋庸置疑，它至少包含了一定的客观化的含义。但是根据我所见，这种在表达感情的词语前添加"物"，以将其客观化的情况，大抵出现在消极方向的生活感情上，与"物悲"相对的"物喜"、与"物忧"相对的"物乐"，在日语中都不被使用。与"物寂"相对的"物赈"，更是不存在。但是在形容词前面添加"物"的用法，除了表达主观感情的词语之外，也可见于表达感觉性质的词语，比如"物坚""物柔""物静""物骚"等。不过，这些词语都无法根据我们的主体生命划分为积极或消极的方向，而且"感觉"本来就被认为具有外物的属性，因此不属于我们要探讨的问题。除此之外，还有将积极的生活感情，比如"欣喜""欢乐""有趣"等感情加以客观化表达的情况，但这种情形与之却也不尽相同。虽然都是客观化，但它是直接感情表达意义上的客观化，与"物悲""物哀"等性质不同。派生语言表达的形式总是会无意识地展示出人们的体验方式和形式，但是对于悲哀、忧愁等消极感情体验，正如我先前所指出的，日语的表达形式自然立证了它是一种根本的客观性。

让"物哀"的哀感靠近美的第三个条件，就是普遍性。它与上文提到的客观性存在着必然的联系，但是为了方便论述，在这里将其分开说明。如上所述，悲哀、忧愁等体验具有一种特殊的客观性，因此这些体验在我们生命存续的过程中几乎是必然的、宿命性的，随处都会遭遇到的事态。不仅如此，我们的实际经验证明，对世间所有人来说，悲痛的体验都是具有普遍性的。所谓老、病、死这些根本性的苦患是与人生不可分割的东西，也是无人可以逃过的命运，而且在其他一切意义上，人生的不如意化作悲哀、忧愁的形式，普遍存在于世界的每个角落，这是人类在知晓事理之后都会马上认识到的事实。然而悲哀愁苦的普遍性从某种意义上说，反倒缓和了这些感情本身的不快感，或者添加了一种慰藉的因素，将感情加以中和。将其套用到我们的直接体验中，比如意识到自己所遭遇的悲伤事态是所有人都要普遍遭遇的事态，这时心中就会产生一种谛观与慰藉，这是不争的事实。然而即使能够通过这种谛观让内心的痛苦有所减轻，或是从中获得慰藉，那也始终是一种消极的体验，若要仅凭这个来论证"痛苦中的快乐"（plaisir dans la douleur），尤其是它的"美学"快感与满足的契机，还是不够妥当的。

这时就需要有第四个条件。我们在悲哀、忧愁意义上的"物哀"体验，是通过心的"态度"生成一种深度（Tiefe）。在"物哀"的体验中，存在一种客观性与普遍性的谛观，它将物哀的根本动因与人类生活的经验性世界背后所存在的形而上学的根基进一步联系起来。马克斯·舍勒[6]在论述悲剧美的"融解"因素时提出了这样的观点：悲剧性哀伤的根源在于这个世界的"存在关联"本身，因此悲剧性的价值否定，即所谓的悲剧结局（catastrophe），超越了人类意志，当意识到这一点时，人们的内心就会产生一种沉着和满足。毫无疑问，我们的心中的确存在着这种形而上学的倾向。总而言之，若以这样的内心态度去看待世界，就会感到人生与自然的最根源处潜藏着巨大的"虚无"这一形而上学的"深渊"（Abgrund），人类的一切悲哀、忧愁、喜悦、欢乐，归根结底都会被吸纳其中，成为"生命"长河表面的一缕泡沫。从这个观点反过来看，彻底改革人类的生活态度、令其精神得以安定虽是宗教的任务，但是在"美学态度"中，深刻感受、细细品味人生和自然的现象，借助美学直观领悟到终极的"存在依据"，这时"物哀"的体验就已经不是单纯心理学意义上的悲哀、忧愁，而是我们曾经论及的特殊的美学概念。悲哀、忧愁的感情本身虽给人一种不快感，但是当它得到深化，成为包含了形而上学直观的感情体验时，就会穿透悲哀、贯通忧愁，接触到"存在"的深层真相，从中生成一种深刻的精神满足的快感。所谓"悲哀的快感"，尤其是接近其美学性的快感，始终是这个意义上的一种"深度"感觉的变形。芜村[7]曾咏：

秋日之暮

虽寂寥也恰然

自生欣喜

寂寥虽不能直接等同于"痛苦"（douleur），但是诗人在这里所感受到的"欣喜"与上述体验的"深度"却有着明确的关系。如果完全忽略来自于这方面的特殊快感和满足感的因素，却依旧具有西多所说的"苦中作乐"（Lust am eigenen Schmerz），那恐怕只能是变态的心理学现象了。

注 释

1 济慈,即约翰·济慈(John Keats,1795—1821),英国著名诗人,浪漫主义诗派的杰出代表。(编注)

2 雪莱,即珀西·比希·雪莱(Percy Bysshe Shelley,1792—1822),英国伟大的浪漫主义诗人,代表作有《西风颂》《致云雀》等。(编注)

3 爱伦·坡,即埃德加·爱伦·坡(Edgar Allan Poe,1809—1849),美国诗人、小说家和文学评论家,代表作有《黑猫》等。(编注)

4 弥尔顿,即约翰·弥尔顿(John Milton,1608—1674),英国文学史上最伟大的六大诗人之一,代表作有《失乐园》等。(编注)

5 此处列举的词语,都可理解为后一字的含义,故有此说。(译注)

6 马克斯·舍勒(Max Scheler,1874—1928),德国哲学家。(编注)

7 芜村,即与谢芜村(1716—1784),日本江户时代中期的俳人、画家。(编注)

八

美的现象学性格与哀愁

上文试着分析了促使特殊感情,即悲哀、忧愁等意义上的"物哀"的内涵发展为一种美学范畴的条件,换言之就是符合"美之物"的一般性本质的各种要素,在这里则有必要反过来考察美之物的本质中是否也存在着某种意义上与"物哀"(哀)的原始感情相呼应的要素。简单来说,在考察了悲哀的感情中是否包含接近美学的要素之后,又反过来考察美之中是否包含激发哀愁的要素。

在这里,美之物的本质,必须在于其基本范畴的范围之内。因为诸如悲剧美(悲壮)之类(有的人认为悲怆也属于美学范畴，这里暂且不论），基于其特殊范畴的本质，已经明显含有悲哀、忧愁的因素，无须多做探讨。而在所谓基本范畴之中，崇高（壮美）和幽默的体验可能包含了某种意义与某种程度上的哀愁或苦痛的感情，这也是相对明确的，至少既有的心理学美学在多数情况下，可以认为是在这些美学范畴的体验中，不快感因素与快感因素实现了某种程度的结合，从而产生出一种"混合感情"。但是在这些情况下，问题并不仅限于单纯的心理学因素，因此并不能以此来决定它与"物哀"的关联中存在的美学本质的问题。

然而，在作为基本范畴的"美"（das Schöne）之中，正如奥斯卡·贝克的论述（详见拙著《现象学派的美学》），其本质的范式可以是"崩坏性"或"脆弱性"。因此，若要在"美学"中寻求本质上与悲哀、忧愁等感情相呼应的因素，可以很容易地想象到，那应该是与这个含义中的"美"的特征相关联的东西。从这一个角度来看，如果"物哀"能够被认为是一种派生的美学范畴,那么不得不说,它与基本美学范畴的归属关系主要就在于"美"(das Schöne)之上。因为作为美学概念的"物哀"简单来说,就是"哀愁"的感情变形为了美学,同时,"美"的"脆弱性"又是"美"的本质特性,就我们的体验而言,一般存在必然关联的"脆弱性"与"哀愁"的感情之间,到了美学之上也必然有着内在的联系。然而我们现在要分析的问题并非这种作为美学概念的"物哀",而是在此之前的、普通意义上的"物哀",也就是"哀愁"之类的感情,以及它与"美"之间的关系。为了不将问题混淆,我们在考察时必须特别注意。

所谓"脆弱性"与"崩坏性",作为客观事态的性质是与我们心中的特殊感情"物哀"(哀)关联最为紧密的。尽管如此,我们还是不能直接将"美"的本质与普通含义的"物哀"(哀)直接联系起来。因为"崩坏性"和"脆弱性"作为"美"的范式,与我们所把握的事物形态的"易碎"或物质普遍的

"易损坏"性质并非同义。"美"的崩坏性是我们体验中的美的"范式",其性质只从我们对美的现象学反省中反映而来。因此崩坏性、脆弱性所激发的悲哀(物哀)感情,在原始的"美"的体验中并不会被直接认知。被本质性的"美"激发的纯粹感情,始终是明快、协调而愉悦的满足感,它只要不被变形为某种特殊的"范畴",就不会直接产生悲哀、忧愁、苦痛等感情因素。概言之,"脆弱性"虽然被认为是美的存在论式的本质,但并不能因此直接得出美感体验的感情要素中存在着针对脆弱之物的(作为哀感的)"物哀"感情这一结论。

尽管如此,我们还是可以这样想:随着"美"的感受性显著发展,美学体验变得极为丰富而频繁,作为其本质谛观的现象学反省也自然变得敏锐起来,并理所当然地会紧密伴随着纯粹的美学体验,或是与之相结合而出现,所以基于这种自然的精神倾向,恰如那种特殊美学意识的发展或优势所示,在时代或民族的生活样式中,虽不能说始终存在，但人们往往有可能敏锐地意识到伴随着"美"的，或者说构成了"美"的背景甚至灵光（Nimbus）的特殊的哀愁感情。即便这种"哀愁"本身在理论上如前文所述，并不在审美体验中直接浮现出来，但它作为一种特殊的心情，也间接伴随着"美"的脆弱性"范式"——或者说伴随着那脆弱性刹那"存在"（Sein）的瞬间产生的"消灭"（Nichtmehrsein）感——必然能够被预感到。在此情形下，人类精神感知美的脆弱、崩坏之苦痛的极端敏感性，必然会通过故意制造事态以摆出超越自身感情的讽刺态度，而这也许可以说是所谓"浪漫主义反讽"形成的根源。大体而言，对"美"有着特殊喜爱、感动和敏感性的浪漫主义与唯美主义，他们最能品味这种忧愁。

在我看来，上述含义下的哀愁与其说源于艺术美（Kunstschöne），不如说源于自然美（Naturschöne）的体验及反省。当然，严格意义上的现象学存在论含义下的崩坏性与脆弱性，无论我们的美学体验对象是艺术品还是自然物，其本质是一样的，在理论上都是对"美"本身的体验。然而在实际中（也就是在我们的普遍意识中）很难严格区分作为体验客体的"美"与承载那种美的对象物，恰如这里使用的"艺术美"与"自然美"等概念，在一般普遍性的反省意识中，很容易倾向于认为自然物的美与艺术品的美大抵由对象物的性质来加以区分，同时二者的美学特性又被各自的对象条件所规定。假如从这个观点出发，自然物的美在性质上就会变得特别不稳定，因其流动性而易变且易毁。因为许多作为美学对象的自然物在现实世界的存在方式与轮廓和界限分明的、能够超越时间的、固定瞬间印象的艺术品不一样。因此，我们对自然物的审美态度也会变得极不稳定，极易受到进入意识中的非美学要素的影响，发生混乱。在这个意义上，正如古典主义美学家常说的那般，艺术美是萃取并永恒化的自然美。

正因如此，对于深深亲近自然美的日本国人而言，尤其是在美学意识格外发达的平安时代，上述意义中的"美"所伴随的作为阴翳般的哀愁心情，一定得到了格外深刻的认知，这一想法绝无不合理之处。尤其是在那个时代，在一般日本人眼中，在自然界现象中被敏锐感知到的美，有很多都具有强烈的变化性和流动性，恰如"飞花落叶"所表达的。然而，对自然美的感受越是敏锐，就理应越能在自然的微妙变化中发现深层的美，但是这里并不会深入探讨这个问题。

概言之,伴随"美"的哀感要素与"物哀"（哀）的特殊感情本身所内涵的各种要素（上文已分析过）相互交流、融合，从而生成了具有平安时代色调的、作为特殊美学范畴的"物哀"。

九

平安时代的
生活氛围与物哀

那么,"物哀"作为一种特殊的美学范畴,其可能性主要以什么样的历史背景为基础呢?这便是我们接下来要考察的问题。当然,如果要将"物哀"视作一种美学范畴,那它就不能像艺术史上极为特殊的样式概念那般,仅仅作为一个国家或一个时代的特殊产物,而应该具有普遍的美学本质,至少在理论上具有体系性和超时间的恰当性。但是从另一个角度来说,任何一种人类美学意识都是在一定的艺术发展过程中,形成一种极为鲜明的形式的,就事实而言,与之相适配的某种历史背景确实构成了促进其发展的基础,这与上述的关系毫无矛盾之处。在这个意义上，我们不能否定"物哀"这一特殊的派生的美学范畴与日本人固有的美学意识深刻的关联，尤其是与平安时代的一般精神史背景有着密切的关系。从这个观点出发，我们要概观与作为美学范畴的"物哀"的成立相关联的历史背景，但我们的目标并不在于历史性的考察，而是借由它来理解"物哀"的本质，因此没有必要细致观察并阐述平安时代的风貌及其文化样式或精神史实。我们只须将最能表达"物哀"的美学本质的这一时代的文学，也就是所谓"物语文学"的作品当作材料，把握当时人们的生活气氛与自然感情的特性，且将其与"物哀"的问题结合起来思考。

首先极为粗略地回顾当时的历史，在中世武家崛起之前的平安时代并没有从政治史角度足以唤起国民情绪的大事件或大战乱，各种制度相对完善，以藤原氏的荣华为中心、超越一般经济生活劳苦的上层阶级支配着历史发展，酝酿出了一个贵族文化高度成熟的时代。在此期间偶有叛乱之类的事件发生，宫廷生活中也曾出现小小的阴谋事件，但是整体而言极为太平，可谓"大宫人插樱枝，春日嬉游"的悠闲时代。当时这种生活的宽裕与文化的发展实际仅限于贵族特权阶级的世界，也可以说是一种社会学上的畸形现象，而从人类内在发展的角度而言，这同样是一种畸形现象。只不过那种文化的发展主要偏向于人类生活的形式化，也就是礼仪生活的方面与感觉性、情绪性生活的方面，再加上佛教思想的影响，其整体的文化基调就带有了显著的女性化或者老人化的性质，这也是无可遮盖的事实。从作为当时生活记录的物语文学和历史文学中也可看出，里面讲述的人类生活过于偏向冠婚葬祭[1]的形式生活，以及恋爱和自然欣赏之类，其单纯性和单调性令人惊叹。

或许也可以说，这类文学的作者多为女性，因此作品中主要描绘了那样的世界。但是即便如此，在当时的社会中，人们公私生活的主要内容恐怕与之相去不远。神事与佛事本来都是宗教仪式，然而这些不仅在当时与人生的冠婚葬祭有着极为紧密的关系，而且从内部含义而言也是极为严肃且认真的。个人的出家遁世行为，从当时的物语记载来看，已经变成了填补贵族空虚单调的现实生活的一种手段。即使那些行为的名目是厌离秽土、欣求净土，实际却与之相反，成了俗世贵族骄奢生活的一种延伸。宗教的想象力于他们而言，始终与美学想象力相结合，成了创造在现实世界中的超现实的理想之境（极乐净土）的代替物。因此对他们而言，俗世实际上绝非秽土，而他们所欣求的净土，也是在享尽了有限的俗世欢乐之后，作为其延伸和补足的欣求。与之相反，认为现实世界鲜少欢乐与幸福的悲观心理与悲观情绪甚至会被投射到彼岸的世界中。

我便是这般所想之事皆不可及之人，也不行善积德以求善报，独飘飘于人间而无为。(《更科日记》)

这种生活与宗教的相融，一方面使得深刻严肃的宗教之心多少染上了浮华浅薄的色彩，另一方面又呈现出在那种宗教氛围中添加一丝明朗特性的倾向，这是不争的事实。但是反过来可以很容易地想到，它也使得感受现实世界的幸福与欢乐并为之满足的心理时刻处于分裂状态，失去了质朴的性质，进而成为在其中导入了忧愁无常观的要因。紫式部[2]在其日记中十分敏锐地反省了自身所处的生活。

纵使见闻这般精妙有趣之事，遁世之心仍不消减，常常哀思苦叹。如今只想忘却此种思量，只因多思而无益，彻夜自省罪孽之深，晨见水鸟恣意嬉戏。

水鸟相嬉戏，所感同身受，皆是无常世间人。见水鸟之乐，忽察其苦楚，似与我相类也。（《紫式部日记》）

然而被认为是这个时代生活气氛之本质特征的浮华、长闲与明朗深处流淌的一缕哀愁，仅凭佛教的厌世观和无常观等外部影响尚不能完全得到解释。我们有必要在当时人们的生活感情之中进一步深挖，找到让佛教思想得以渗透的根本要因。

我认为盘踞在当时生活气氛最深处的哀愁、忧郁的根本原因，应该是异常发达的美学文化与极为幼稚的知性文化的不平衡与不对等。二者存在于同一个时代与同一个社会的文化生活中，呈现出了非常极端的跛行现象，这便是分析当时物语文学与日记类文献时得到的最强烈的印象。接下来，我要阐述自己对这个问题的观察，但是在此之前，首先要看看当时的美学文化的特性。

我先前提到了美学文化的异常发达，那当然是有限意义上的发达，并不意味着美学文化的所有方面或中心部分的发达。因此同样是美学文化的发达，它却并非希腊或文艺复兴时代那个意义上的发达。如果仔细分析，当时的美学文化特性也是一个十分值得研究的问题，但在这里自然只会极为粗略地阐述一番。据我所见，大体来说，平安时代的美学文化与其说是严格意义上的"艺术生活"的发达，不如称为生活的艺术化甚至美化。换言之，其特征体现在了某种意义上的美学生活本身的发展方向上。因此，那种发展并不是纯粹的艺术家推动了文学、音乐、舞蹈、绘画、雕刻等艺术形式的进化，实现历史性的伟大发展（当然以部分而言，也并非毫无发展），而应该是这些要素普遍渗透到了当时贵族的日常生活中，成为美化其生活的手段，反过来又因为他们的业余精进，使得艺术本身到达了一个极高的水准，这便是日本平安时代美学文化显著发达的实质。此外，那个时代的美学文化并没有局限在既定的艺术形式的范围之内，而是在艺术品之外的世界，也就是自然现象与直接的人类生活的形态上寻求所谓艺术之前的艺术，进行艺术之前的创造，并实现了显著的发展。因此在传统意义的艺术范畴之外，各种工艺美术和园林等方面、服饰色彩花纹等要素的美学欣赏、利用次级感官的闻香之类，都沿着一般美学生活的路线实现了惊人的发展。而当时贵族用于慰藉无聊生活的种种游戏，无论是男性化的、能动的，还是女性化的、被动的，从其材料、形式与方法而言，都匹配了优美高雅的时代特征。

想来，《源氏物语》所展现的情绪生活的美学理想化,《枕草子》所展现的美学直观的敏锐化,自然是那个时代美学文化的产物。那些作品本来就是日本最为杰出的文学纪念碑,在各自代表的美学方向上都显示出令人惊叹的发达水平,这些是毋庸置疑的。可是从其他观点来看,我们却很难从中找到基于万丈豪情、广博睿智、深刻感情的真正伟大的精神性创造的艺术。尤其是《源氏物语》,其结构相比其他著作可谓空前绝后的壮丽,但在其精神内容上却无法让我们感到十分充实。比如源氏与藤壶的关系中埋藏着沉重的罪恶意识与深刻的内在烦恼,由此引发的对源氏内在精神生活的描写,有着不断深化的潜力,然而作为以"物哀"为生命的文学,其本质上并不包含向这个方向发展的倾向。

概言之,美学文化,尤其是在某个方向上极端发达的那个时代的精神生活,大体而言带有一种唯美主义的倾向。但是我们在这里需要注意的是,物语文学所体现的那个时代的唯美主义倾向,其中似乎并没有多少唯美主义与传统道德意识及基于其上的社会制裁之间的矛盾冲突和苦恼。宣长指出了一个事实，即源氏和藤壶等角色本应遭受道德的批判，却被紫式部投以了满腔热情，描绘成"良人""善人"，并借此批判了试图从惩恶扬善主义的角度解释《源氏物语》的论说，这不仅是周知的事实，也是非常卓越的见地。然而，即便艺术的自律性在现代社会已经不被视作问题，并且假设紫式部本人出于优越的见识深刻地认知到了艺术的自律性，并在此基础上进行创作，但若那个时代普遍存在着道德或道学性质的强烈认知，那么在当时必然会出现对《源氏物语》的强烈批判及封禁。从这个角度来看，可以想象那个时代的精神在道德方面普遍非常宽容，甚至可说松弛，同时又在美学方面异常发达。

正因如此，我认为那个时代的唯美主义倾向并不存在与社会习俗和道德观念的深刻矛盾，因此也不会激发出强烈的悲痛和忧郁，这是一个很值得注意的平安时代的美学文化特征。后文还会讲到，西方近代的浪漫主义和唯美主义包含了浓重的来自这个侧面的苦恼和忧郁因素，但是在论述平安时代的精神时，要从这个观点出发去解释当时生活气氛的深处流淌的哀愁和忧郁，则是不可能的。

注 释

1 冠婚葬祭，指冠礼（成人）、婚礼、葬礼和祭祀活动。（译注）
2 紫式部（973？—1014？），日本平安时代的女作家，代表作有《源氏物语》等。（编注）

一〇

知性文化的缺陷和唯美主义的倾向

把当时这种极为发达的美学文化与知性文化相比较，我们又会发现二者之间存在着极端的不协调和不对等。先看《源氏物语》，书中描写的贵族子弟都十分努力学习当时立足于社会、参与宫廷生活所需要的教养学识，无论是源氏还是夕雾，在这个意义上都被描写成了极富才学之人。但是可以想象，这种教养学识的主要内容只不过是和汉文学、历史、修身、道德等一系列的学问。当然，当时的佛教研究已经十分兴盛，一部分人在深入钻研从中国传来的深奥学问，或者说一种哲学。然而那些学者同时也是佛教徒，因为那种学问恐怕也是远远超越了现实社会的东西。在当时的现实生活中，人们仅仅与佛教的宗教仪式和修行有着密切的关系，至于其探究思辨的方面，则是与普通人的世界相割离的存在。因此在那个时代学识优秀的贵族人群中，或许几乎不存在对世界和人生的根本问题进行哲学思考的精神倾向。大多数出家遁世的贵族都只是过着吃斋念佛的生活，或者在皈依佛教之后依然关心眼前的世俗问题。从这个角度来看，当时所谓的知性文化本质上欠缺了类似于哲学思想的东西，或者说思考世界和人生问题之本质的精神倾向。

再来看自然科学方面。知性文化在这一方面的欠缺，可以说是东方所有文化的通病，并不是那个时代特有的缺点。但是尽管如此，相比那个时代的美学文化在某个精神层面的发达程度，自然科学的发展就显得极为稚嫩了。这种人类精神的内在发展方式，的确有着值得关注的异常之处。即使我们不能在日本的平安时代追求希腊文化中的数学、物理学及其他纯理学的研究，但不得不说，那个时代的文学所体现的，事关人生幸福安宁之根基、针对疾病与灾害的科学救济或合理对策，给人留下了一种极为无力的印象。

试读《荣华物语》，里面详细记载了以藤原道长[1]为中心的藤原一族的荣华。恰如书名所示，那是一个华美而明朗的物语。然而正如上文所述，这些贵族的宫廷生活都是千篇一律的冠婚葬祭仪式及与之相关的情绪反应。即使不去讨论这些，凡是读过这一物语的人，恐怕都会在极尽绚烂奢华的藤原一族的荣华记录的深处，感受到一种难以名状的阴郁和潮湿沉重的忧愁。若问这种感觉从何而来，恐怕任何人都能马上给出答案。因为这本书所记录的不仅仅是当时贵族的奢华美学生活，还有与之形成对照的传染病流行和自然灾害，以及不胜枚举的火灾记载。此外，藤原道长构筑起一世荣华的主要手段，就是把女儿培养成皇后，并仰赖皇后生下的众多皇子皇女（当然不只是道长一族，其家族其他人也一样），尽管这些子女往往难全天寿，因病夭折。

另外，分娩等大事本应是值得庆贺的，却因为那个时代的医术落后而很可能成为令人惊恐的凶事。书中所描绘的不只是这类事件，更展示出当时针对一般疾病也仅依赖加持祈祷等方法，而很少见合理的治疗，因而大多数疾病事实上以不治而告终，这也成了当时患病等于走向死亡的恐惧源头。

只不过，上面指出的这些事情，在这里还需要添加一段宣长在《玉之小栉》中的说明。

又问："物语之中，凡病者皆言物怪，只做祈祷加持，而有忌恼者亦求告法师，却从不求药问医，何其愚蠢哉。"答曰："此乃当时世间之态也。"然则书中虽不见药，却非从不用药。自古医药之学常见于古书，而古语亦称病为药事，《若菜卷》有言："像药师一般挨近身旁。"《宿木卷》有言："就请把我当作药师。"可见彼时医药皆用。然书中不提药师而多讲祈祷加持者，乃着重神佛之道，祈祷之行，以突出世间无常，人命渺小，描绘物哀之态，而求医问药，反突出人心聪慧，不顺命运,不现物哀。《荣华物语》中亦可见东三条院患病时,拒而不见医师。因在当时注重身份地位,高贵之女御甚少让医师近身,皆因地位悬殊,不成体统也……当时药不称药,而称热汤。凡描述病人之处言及热汤,多指药汤也。

然而饶是如此,当时的医术不仅落后,人们内心也欠缺信任合理治疗的科学精神,这从宣长的文章中也能够看出来。不仅限于个人的疾病,虽说天变地异无可避免,但是在当时,人们恐怕连预防流行病和火灾的知识都近乎为零,并且从未有过展开探索的行动。正如宣长所说,当时的贵族之间可能普遍存在着"求医问药"不唯美的想法,由此可以推断,这类唯美主义的生活态度(尤其是在女性群体中)往往会招致牺牲健康的结果。

从上文所揭示的一角就能看出,从这个意义而言,当时的美学文化与知性文化之间存在着极端的跛行现象,结果导致当时满足了人们美学要求的绚烂精致的文化和华美的生活背后，接连不断地发生着人生的惨事，随处可见令人潸然泪下的悲剧。因此我认为，当时人们的生活气氛在耀眼华丽的表面之下，始终潜藏着阴郁黯淡的忧愁。这样的例子虽不需要一一列出，但《荣华物语》的作者在"玉饰"一章中描写了道长之女妍子的送葬仪式，文中写道：

送上御车，悲声四起。沿一品宫东廊而下，其间气氛凝重，更添忧愁。乳母等人皆不见，大人隐忍泣声，因悲哀恸哭乃是愚蠢之举。小主之装束，在菊与红叶之上更叠藤花之纹，足见其心烦意乱，非常人之举，反衬其哀愁。人人面带忧伤，又逢秋日之末，天高远而无云，更添几分伤感。夜色已深，众人聚集一处，明月高悬，足可分辨小主衣裳之色，而知物之心者，自然难耐哀伤，深思世间无常，睹车而暗道：

藤衣反复添悲愁，只因此行泪满襟。

秋叶菊花相交映,藤花之衣更是愁。

如此这般,心中悲伤难耐……

由此不难想象,揭示人生无常、世间皆苦的佛教思想为何能够轻易渗透到当时的生活感情之中。

我认为平安时代的文学所展现的贵族生活气氛之下潜藏着一种漠然的、近似于"厌世"(Weltschmerz)或者说"无聊"(Ennui)的感情。不过对于无聊的概念,人们的说法并不统一。法国心理学家塔尔迪厄在其著作《无聊》(L'ennui)中,对这种心理状态展开了精密的研究。他所论述的无聊,可以总结为"从无意识的低落心情出发,发展到被反省的悲观层面的一种苦恼,虽然被种种原因规定,但主要起因于人们生活活动的显著缓慢性。那是一种极为主观的情绪,是与无趣、倦怠、无力、焦躁、抵触等心情相通的精神状态。"根据《法兰西学院辞典》的释义,这个词的本质意义如下:

Lassitude, langueur, fatigue d'esprit, causée par une chose dépourvue d'intérêt, monotone, déplaisante ou trop prolongée. –Il se dit aussi, particulièrement, de cet abattement de l'esprit qui feint qu'on est las de tout, qu'on ne trouve de plaisir à rien. –Il signifie encore inquiétude, chagrin, déplaisir, souci.[2][我此前引用的《紫式部日记》的一节，就十分符合这里对"无聊"（Ennui）的解释。]

不过在西方，"无聊"（Ennui）的概念之上还形成了一种特殊的时代精神，即所谓"现代的无聊"（Der modern Ennui），它与现代文学中的颓废派思想有着很深的关联。关于这个意义上的"颓废派"，也就是唯美主义和恶魔主义的文学思潮，在日本也已经出现了许多文献。从更为广泛的观点出发，将颓废派视作一种精神和文化史的现象，以哲学的视角尝试考察的著作，可以举出爱卡特·冯·西多（Eckart von Sydow）的《颓废文化》（*Die Kultur der Dekadenz*）。他在这本书的开篇论述了"颓废的文化"与"文化的颓废"之间的区分，认为颓废派有着其独特的精神形态和文化特殊性，在人类文化发展史上具有积极意义，由此明确了该著作的主题并非单纯的颓废的文化，或者说文化的颓废现象。

其后，西多又举出了莱奥帕尔迪和塞纳库尔总结的"无聊"（Ennui）的概念，试图从中把握"现代的无聊"的本质，其结论可以概括为"抗拒生命的痛苦意志"（Der schmerzvolle Widewille gegen das Leben），这可谓是最完美地表达了无聊概念的德语表述，因此可以说，一般与这个概念相随的"虚弱感"（Schwächegefühl）和"烦闷"（Langweile），到头来只是这种感情的次要因素而已。这种对生命的抵触和反感又来自何处呢？其实来自于人类不知改变现实之术，只能埋头向着伟大的方向努力，而且那种努力还失败了。正因如此，人类始终被一种兴奋感支配，不断积累着对存在本身的反叛，对一切生命的反感以及对自身的反抗，使苦恼成为一种动力，不仅仅因禁于悲痛的感情之中，而且还激发了报复生命的意图。这便是西多对无聊概念的说明。

由此可见,西多其实想强调无聊并不是一种被动的感情状态,而是一种被激发的、能动的意志。他之所以这么做,也许是因为在思考以波德莱尔等人为中心的现代颓废精神时,认为有必要特别指出这点。[波德莱尔使用了一个与该意义相对应的词,就是"消沉"(spleen)。]正如我前文所述,日本平安时代的精神及文化中蕴含着唯美主义,而其生活气氛乃至俗世感情中,又存在着无聊的要素,然而即便如此,也不能将那个时代的精神倾向与西方现代唯美主义思潮和颓废文化等同起来。从上文对无聊概念的论述出发,平安时代生活感情中的无聊,应该是被动的、感性的,其重点在于被西多视为次要因素的虚弱感和倦怠感,类似于法语"Ennui"的原始语义。《源氏物语》中《夕雾卷》有云:"但忧患之时寂寞无聊。"而在《紫云要领》上卷中,宣长也写道:"年轻女子身如浮萍、心无所依、寂寞无聊,因而心中郁结。此时知物之哀者,耳闻日见之无常草木,皆心有所感,又因心有所感而愈发郁结，情难自禁。"这里所谓的心中郁结，亦是一种无聊。

正如前文所述，当时贵族男女的生活极其稀薄而单调，渗透着一种无力感，从这一点出发也可以对应上字面意义的无聊，而从另一个角度来看，当时上流社会人群的恋爱生活可谓是极不检点的、极其自由的。对于这点，宣长也尝试做过辩护，然而即使作为形式主义的习惯，即使有所束缚，但是从道德意义而言，在教养与地位优越的人之中的确有许多生活格外放纵的例子。和泉式部[3]的行为在当时似乎也受到了追捧，而《蜻蛉日记》[4]的作者也一直在吐露对自己那位地位高贵的丈夫的不满。由于当时的人缺乏哲学的理性，那种自由和放纵并不会伴随内在的深刻道德而令人烦闷、苦恼和怀疑，在社会上又得到了极为宽容的理解，所以当时的无聊并没有扎根于这个侧面——即唯美主义与社会道德规范之间的矛盾——因而不会产生深沉的苦恼，或者从中生出抗争的意志和叛逆情绪，即"消沉"

(spleen)。相反,当时的生活感情应该是相对悠闲、自在和安逸的。

因此,假如这个意义上的平安时代的无聊依旧具有一种茫然却又深沉的哀愁、郁闷,那正如我们上文论述的,是过度发达的美学文化与过于疲软的知性文化的不平衡所导致的独特产物。因此其最值得注意的特性,就是被现实的、感性的、被动的、静观的,甚至是游戏的、享乐的生活情感——也就是广义上的美学满足感——所包裹的根源的、宿命的、无可动摇的深沉哀愁——换言之,就是横亘于人类存在本身,或者应该说一切存在根基之处的、让人触知虚无深渊的深沉哀愁。《大和物语》中有这样一段话:

> 一日无事,大纳言大人、俊子及俊子之长女绫子皆在。绫子似其母,性格温和谦恭。大纳言大人宅中又有一女名叶子,知物之哀,性格温良。这四人齐聚一堂,讲四方故事、世间无常、感人肺腑之事。大纳言大

人作歌:"世间无常话不尽,忧思凝过往,何日复见君。"然而无人回歌,竟自涕泣,何其怪哉。

就像这样,在思考一个时代的生活气氛时,就会发现我们曾经探究过本质的、作为特殊美学范畴的"物哀"含义,借助文学和艺术的摇篮,逐渐成长起来了。

注 释

1 藤原道长（966—1028），日本平安时代的公卿、贵族。（编注）
2 译文的大意：由无趣、单调、不愉快或过于冗长的事情引起的倦怠、无精打采和疲惫。它还特别指那种对一切感到厌倦、对什么都提不起兴趣的精神颓废，也指忧虑、悲伤、不开心、担忧。（编注）
3 和泉式部（987—1048），日本平安时代的女诗人，代表作有《和泉式部日记》等。（编注）
4 《蜻蛉日记》，日本平安时代女性日记文学的开山之作，作者是藤原道纲母。（编注）

一一

平安时代的
自然感情与物哀

　　上文思考了平安时代人们的生活气氛与"物哀"的关系。这里值得注意的是，这种生活气氛又与那个时代的人感受、咏叹自然的态度有着密切的关系，使他们的自然感情有了特殊的方向，反过来又因为那样的自然感情而增添了特殊的色调。上文已经提到过，宣长在《玉之小栉》与《紫文要领》中也论述了"物哀"与自然感情之间的关系，还论述了某种象征性移情，除此之外，他还说过"知物之哀者，耳闻目见之无常草木，皆心有所感"。另外，他还引用了《源氏物语》中《松风卷》的"此时适逢秋天，人心正多哀怨"，并加注道："此感时节也。"

想来日本国民的自然感情的特殊性以及这种感情自上代至今的蓬勃发展，本身就是一个引人注目的宏大研究课题，不过这里先不予论述，只针对这个特殊时代发表一点我自身的见解。

那个时代的贵族生活所培养的自然感情受到教养中的各种文化传统（尤其是和歌、汉诗等文学）的影响，再加上各种思想方面的影响（尤其是佛教思想），其大致的性格已经被规定下来了。此外，这种自然感情还与那个时代特有的人类生活有着密切的关系，因此有了相应的特色。首先从外部形式而言，当时的贵族生活除去少数例外，大体是极为静态的、稳定的，而且其生活范围也以京都为中心，局限在一个相对狭窄的地域内。当然,古时还有《土佐日记》和《伊势物语》等非京都地区的著作，后来也出现了大量纪行文学，在相对广阔或遥远的范围内体现出了自然感情的多样性，而且当时的和歌也有羁旅的类型，其歌枕[1]也涉及了颇为广泛的地区。然而当时大多数贵族以现实体验的方式发展自然感情的地区，主要还是集中在京都周围的山水，更确切一些，则是他们每日生活的宫廷、宅邸以及别院的园林风景。

其次，从生活内容而言，正如上文所述，相对频繁的冠婚葬祭仪式自然而然地将神祇、佛教、爱恋、无常等观念融入到了人们的自然感情之中，譬如参拜京都附近的寺院、神社，每个季节的祭典，前去鸟边山等地的送葬仪式，还有《源氏物语》中常常描绘的男女恋爱生活，而与之紧密关联的自然美的观照就印证了那种融入。但是根据我的思考，这是从当时的生活背景出发，在自然感情方面理所当然地会形成的一个结果。就算刨去那些特殊条件，在日本独特的风土中自然发展的自然感情也必然会形成那个结果。也就是说，人类对自然的美学感受，并不局限于花鸟的色彩或山水的形态等表面的、感性的、静态的方面，而应该是随着自然时间的推移，不断地敏锐地感受到自然的某种微妙变化，而这里所说的自然"时间"的感觉，又在某种意义上内化了自然感情，生成精神化的倾向。虽说像写出"难道世间唯樱花盛开、月华如水可赏"的《徒然草》作者那般，多少带有一点佛教徒讽刺意味的、有意识的自然美论是在后世出现的，但想必毋庸赘言，早在《源氏物语》中，自然感情是何等地敏锐又是何等微妙地体现了季节感情。

针对自然的特殊感觉的发达，必然伴随着针对自然的静观态度的深化，因此可以认为，当时的自然感情超越了享乐或者赏玩的境界，表现出了朝着包含形而上学甚至神秘主义静观的、深化的自然体验发展的倾向。也就是说，对于平安时代的人们而言，正如上文所述，其知性文化的发展远远落后于美学文化的发展，尤其是在哲学思辨的方面，人们的认知水平极其低下。他们从不会对生活中的事件进行内在反省，或者说从不深入思考人生和世界的问题，从而以怀疑的目光审视"存在"的虚无性；反而是时常将盘踞在他们生活气氛底层的潸然的哀愁投射到自然现象之中，使得不断流动变化的自然在他们眼中呈现出人生的无常。一言以蔽之，他们没有走向哲学思辨和自省，而是通过针对外部自然的美学直观，被诱导至一种悲观主义的心境之中。对此，我接下来将进行更深入的考察。

环绕在人们周围的自然，无论是春花还是秋月，都无限地美好。但那种美并非毫无保留地展示了自然的广阔和威力，给人以压倒式的、雄伟崇高的印象，反而是以宁静、圆满、协调的，大和画卷一般的优美性为基调。概括来说，那并非现代的风景之美，而是古典的自然美。再换一种说法，也可以说那是一种相对直接的、纯粹的"美"的姿态。恰如此前论述的那般，即使没有针对作为"美"之本质的"脆弱性"和"崩坏性"的明确的理论反省，从他们朝夕所处的自然，尤其是从其时间推移和流动性的角度来看，人们所欣赏的这种类型的美，对其意识而言也是美的脆弱性的体验，而那种体验又将与作为美学对象的自然本身的脆弱性融为一体，形成新的感受。与此同时，自然的流动性又反映在人们的生活气氛之中,通过移情转化成了人类存在本身的脆弱性和崩坏性的象征。在这个意义上,人们体验到的自然美的确是将美学直观与基于世界观的心境在暗中相连的一个纽带。《源氏物语》中,随处都能看见这类体验的精妙描写。举个例子,《御法卷》描写的紫夫人的死,不仅对于深爱这个女性的源氏而言,甚至对于我们这些读者而言,都是"美"的脆弱性的象征。

紫夫人已非常消瘦。但正因为如此,增添了无限高尚优雅之相,容姿实甚可爱。以前青春时代,相貌过分娇艳,光彩四溢,有似春花之浓香,反而浅显。今则但见无限清丽之相,幽艳动人。似此美质,而不能久留于世,教人想起了伤心至极,悲痛无已。是日傍晚,秋风凄楚,紫夫人想看看庭前花木,坐起身来靠在矮几上。

这时源氏前来看望,见紫夫人坐起,便高兴地说:"你今日心情必是爽利。"紫夫人有感赋诗:

露在青萩上

分明不久长

偶然风乍起

消散证无常

源氏答诗道：

世事如风露

争消不惜身

与君同此命

不后不先行

而当时在场的明石皇后也赋诗云：

万物如秋露

风中不久长

谁言易逝者

只有草边霜

那一夜之后,紫夫人便长逝了。

我已在上文论述,当时的自然感情其实对自然的时间性极为敏感,更为详细地说,如果只从非合理性的观点来捕捉自然现象的时间性变化,那它就会成为单纯的兴趣对象,或者顶多能够成为美学感性的辅助手段,而与我们主要探讨的"物哀"的美学感情没有什么关系。西方有种说法叫"死亡象征"(Memento mori)[2],比如在古老的绘画中,青春靓丽的人物背后可能潜藏着死神的身影,或者在画面中加入沙漏一类物品,以暗示人生无常。这便是宗教意义上的"死亡象征"的手法。我认为,对平安时代贵族的内在生活而言,自然的变化流转,也就是"飞花落叶"的脆弱性始终蕴含着"死亡象征"的意义。然而在自然的多样变化中也存在着一种秩序和法则,当我们的心感应到秩序和法则的恒常性与被恒常性统一的无限变化之间的紧张关系时——换言之,当自然的律动性、周期性推移变化与其美学体验一同得到深刻的认知时,才能真正反映人生的无常,并在心理层面强烈发挥出自然的"死亡象征"功能。

反过来,如果只从各种意义上的恒常性与不变性观点来把握自然的姿态,那么作为切实的直接体验而被激发的人生无常感,恐怕相对较少。当然,即使在这种情况下,对于内省的、理智的意识而言,诸如"年年岁岁花相似,岁岁年年人不同",又或者"国破山河在"这样的自然恒久性与人间无常性之间的强烈对比,也能够激发出无限的哀愁感。然而那都是首先通过思维来把握人生无常的普遍真理,然后再形成哀感,与我们所探讨的直接的无常体验并不相同。在我看来,"死亡象征"的直接效果,相当于上帝的手在骄傲自满的人类面前放下了一座巨大的沙漏,那座沙漏象征着自然的律动性乃至周期性变化,令人类痛彻地感受或反省贯穿人生的"时间"的流动。

我们必须认知到,这种感情效果在心理上依存于自然的律动性变化的节奏，或者说其周期的长度。比如规定人们日常生活的日出日落，再到下一次日出的一日或者一昼夜的周期，从这个角度而言就显得过于短暂、急迫，因此不适合唤起直接的感情效果。当然，即使在这种情况下，我们依旧能从思想上将蜉蝣朝生暮死这种生命的脆弱性与人类的寿命关联起来，也可以感叹人生如同朝露易逝，但是作为实际的痛彻体验，只要不是濒死的病人，我们并不会直接感觉到自己的生命在一日一昼夜的周期中逐渐消逝。与之相反，如果节奏或者周期过于漫长，比如十年、二十年甚至更久，这样长久的时间跨度确实可以让人感受到人生的流转甚至沧海桑田的变化，非常容易使我们认知到，世界整体的流转性是明确而客观的事实。只不过，我们直接的、主观的无常感并不能做出如此迟缓的、悠长的反应。

如此思考下来，要使自然风物的变化在心理上形成上文提到的"死亡象征"的感情效果，最合适的节奏显然是四季的推移与循环。我们以一年为周期感受着四季的循环,最能切实地认知到人生的"时间"流转,从而强烈地反省被"年龄"规定的人类成长和衰老的现象,这是个无可否定的事实。《大和物语》有云:

太政大臣(藤原忠平)之妻离世,服丧结束之月,家中筹办法事,一夜明月高悬,大人出门而坐,思念亡人,作歌曰:"月隐又复现,银光当空照,所思之人却不再。"

这里提到的"服丧结束",便是一周年忌日。《源氏物语》的《薄云卷》讲到藤壶去世,源氏痛哭消沉时,也有这样一段话:

凡殿上官员,一律身穿黑色丧服,使得这莺花三月黯淡无光。源氏公子看了二条院庭中的樱花,回想起当年花宴的情状,自言自语地吟唱起古歌中"今岁应开墨色花"之句。(山樱若是多情种,今岁应开墨色花。)

这样的例子不胜枚举，而在展示向往未来的时间流动性的感情的作品中，虽然时代较晚，但可以举出《东关纪行》的一段文字：

　　出得旅店后，走在笠原的原野上，路遇名为老曾的杉树林。岁月如白驹过隙，这林中草叶上的朝露，要不了多久也将变为白霜。

　　岁月不待人，林草朝露凝，青丝竟覆霜。

《伊势物语》中也有一首和歌：

　　流水落花不可待
　　人世渺渺不停歇

当然，只要人类的生活能力尚处在正常状态，年龄的意识并不会直接产生那样的意义，即使目睹了自然的季节变化，也可能不会直接感应到自身生命的消长。但是日本民族的生活和文化以一种独特的方式服从自然、顺应自然，在与自然紧密关联的状态中发展起来，因此无论是在哪个时代，人们对季节变化的感觉都非常敏锐。如上文所述，若这种感觉与相对静态的平安时代的大贵族的生活气氛结合起来，就会激发出（当然也要考虑到佛教以及其他因素的影响）一种无常感，其结果就是使得他们的体验被引导到我们上文考察过的"物哀"的美学范畴之中。

注　释

1　歌枕，指和歌中自古以来常被吟咏的名胜或地区。（译注）
2　拉丁语，直译为"勿忘你终有一死"。（译注）

一二

物哀的用例研究和五层含义

最后，我们对照上文考察过的"物哀"的概念内涵，来分析一下日本文学中的"物哀"的实际用例。毋庸赘言，作为美学概念的"物哀"主要以国文学，尤其是以《源氏物语》为中心，在王朝时代的物语文学中发展起来，因此照理来说，我们应该先调查这些文学作品中的"物哀"概念的用例，分析古人使用这个词的用意何在，并在此基础上展开美学的研究。但是在实际中，"物哀"一词的含义范围极大，几乎可以表达所有感情，与所有感情内涵相关联，因此如果只根据文学层面的词语用例来进行归纳性的研究，除了能对其纷繁复杂的意义内涵进行分类，恐怕得不出任何结果。因此我们应该舍弃那种方法，以宣长解释"物哀"的特殊观点为出发点展开考察。但是也有一点，我们从美学立场解释的"物哀"的概念，绝对不能与其文学上的具体用例的含义相矛盾，或者相去甚远。保险起见，在这里要先分析一下我们所解释、规定、分类的"物哀"的美学含义，在实际中是如何体现在文学之上的。

在此之前要先声明一点，我们从现代的美学理论的立场出发，试图尽量纯粹地提取和精确定义的"物哀"的美学含义，在以《源氏物语》为主的众多文学用例中不一定始终有着精准而明确的体现。这点其实并不需要特别声明，因为一切美学范畴中被提纯和锐化为理论的含义，即使与文学或美术作品中实际出现的某个种类或某个类型的具体的美相呼应，也并不会是与之完全对应，甚至一切理论与实际的关系都是如此。即使被提纯为理论的东西，实际上也可能混合着其他种种要素。另外，就像普遍的美学概念一样，在内容极其微妙、特性极难捕捉的情况下，文人和诗人在仅仅将其用作美学宾辞的时候，自然不需要严密地遵守美学范畴的规定。概言之，这种情况下的用词绝不能作为正确印证我们所做的概念性规定的例子。

还需要注意的一点是，我虽然称其为用例分析，但实际上，我们的研究并非语言学的研究，而是美学的研究，因此探讨的方式也会截然不同。比如在分析一段含有"物哀"用例的文章时，如果只是把握词语前后文的逻辑关联，绝不可能充分地达到探讨的目的。因为"物哀"本来就是非常不确定的词语，只凭一条文脉的范围，无论对何种意义而言，逻辑上都可能不会产生很大的影响。所以我们要在单纯的文章的逻辑和语法关联以外，去分析前后文意所表达的情景本身的美学特性，从而确定那种情况下的"物哀"的美学含义。一言以蔽之，"物哀"的文学用例对我们而言并非语言学含义的用例，而必须将其视作美学含义的用例。

在上文中，我从一般语义学含义中分析了作为美学范畴的"物哀"的特殊含义，同时又尝试考察了"物哀"的原始内涵，即"悲哀"或"哀愁"的感情与"美"的本质性关系。现在我将这些考察结果概括起来，再一次区分"物哀"这个概念中包含的所有意义内涵的发展阶段，得出以下五个阶段：第一，直接表达具有"哀""怜"等特殊性质的感情，即狭义的特殊心理学含义。第二，超越了那种特殊的、被限定的感情内涵，表达一般性感动体验本身的一般性心理学含义。第三，在这种感动的一般形式中增添了宣长所谓的知物之心、知事之心，也就是直观和静观的知性因素，从心理学观点来看，产生了美学意识乃至美学体验的一般性含义。第四，这种经过转化的含义再一次与"哀愁""怜悯"等特定的感情体验主体相结合，同时其静观或谛观的"视野"超出特定现象的范畴，扩大到人生和世界的"存在"的一般性含义，形成了接近于形而上学的乃至神秘论的"态度"（Einstellung）的体验，让类似于"厌世"的情绪显著改变美学体验的内涵，由此激发出"物哀"的特殊美学含义。然而必须要注意的是,第四个阶段的特殊美学含义的分化依据正如上文所述,主要是针对人生和世界的形而上学的"心境"。实际上(也就是历史学意义上),令"物哀"这种特殊美学范畴发展起来的民族与时代的特殊背景,在这一"心境"的影响下,并没有朝着思辨的、理论的人生观和世界观的特定方向发展,而是在直观的、感性的自然美学体验的某种形态和某种深度中隐约体现出它的影响,从而使这个概念的特殊美学含义得以分化出来。(这点已在上文做过论述,因此我在这里使用的"形而上学的"一词应该不会造成误解,但是在展示"物哀"概念的文献用例时,我还是认为这点应该特别注意。)为了区分第四阶段和第五阶段,暂且称其为"物哀"的特殊美学含义的分化。

第五,就是"物哀"作为美学范畴的含义的完成与充实的一个阶段。在前一阶段,它通过浸染了类似于"厌世"的、形而上学的哀愁色彩而具备了特性,从而分化出"物哀"的特殊体验。接着,它进一步吸收了从"美"(das Schöne)的基本范畴直接生成的优美、艳美、婉美等美学因素,将其综合统一,从而形成一种难以用概念定义的、浑然天成的特殊美学内涵。以上这五个阶段中,从第三阶段开始的美学含义的发展,在实际中当然很难明确地区分出来,这里只是为了进行理论上的分析而尽量尝试了区分。总而言之,我接下来将根据这一分类,试着整理"物哀"概念的用例。

首先是第一阶段的特殊心理含义,这里不需要特别列举用例也已经不言自明,但是保险起见,还是可以列举一两个例子。《源氏物语》中《明石卷》的这段文字,便是例子之一。

> 兴之所至,便把久不染指的七弦琴从囊中取出,随意弹奏一曲。左右诸人听了,都伤心感怀,悲不自胜。

这是人们对郁居须磨的源氏之态感到悲哀之意。另

外,《贤木卷》讲到藤壶出家时写道:

即使是毫不足道的衰老之人,面临削发出家之际,也不免方寸动乱悲从中来。何况藤壶皇后青春鼎盛,预先并无一言,突然遁世,兵部卿亲王安得不放声大哭……桐壶院的许多皇子,回想藤壶皇后昔日荣华,大家感慨悲叹。

很显然,这也属于第一阶段的用例。

再来看第二阶段的一般性心理学含义,也就是意味着一般性感动的"物哀",同样有不胜枚举的例子。比如《土佐日记》中"棹工不解风情,兀自饮尽壶中酒",这里的"风情"(あはれ)是一般性的对于事物的感怀,意为划船的人心思麻木、不知感动。上文已经论述过,宣长所论述的"物哀"的概念主要就是这个含义,实际在《源氏物语》中,也有非常多这样的例子。"源氏此时满怀感慨,无法排遣,便取过琴来,弹了一支珍奇的乐曲。"人与人之间的感情，无论是亲密、关爱还是爱恋，多数时候都是极为复杂的，特别是在爱恋之上，还需要同时考虑后文将会阐述的"物哀"的第三种含义，但是，如果其中心感情，譬如狭义的怜悯变为广义的同情之时，将其归纳到第二阶段的"物哀"中也并无不可。宣长在论述物哀与爱恋的关系时，曾引用俊成的"不通情爱，人亦无心，有心则知物哀"，并评论道："无爱恋则难知物哀之高深。"我们在这里将物哀的第二阶段含义定义为了心理学上的一般性感动，其内涵自然与人类本真的感情相关。在这个意义上，"物哀"的用例最多见于《源氏物语》之类的文学，也就不显得奇怪了。

接下来，当"物哀"的第二阶段含义与第三阶段含义的关系极为紧密时，其内涵上没有被特殊化的一般性感情体验——即感动——的形式与某种对象性直观相结合，就已经满足了一般性美学意识的心理条件。正因如此，像宣长那样解析"物哀"，在多数场合下可以视作同时包含了一般性的"人情"

与一般性的美学意识的含义。尤其是在与上述的爱恋这般复杂的感情相关联时,"物哀"的第二及第三阶段含义在实际上往往很难区分。从另一方面来说,如果要寻找强调了第三阶段含义,即一般性美学意识含义的"物哀"用例,多数场合下与优、丽、婉、艳等"美"(das Schöne)的一般性内涵几乎难以区分。而这个含义的"物哀"的用例,在《源氏物语》为首的众多物语文学中十分常见,因此才会生出"物哀"的所有美学含义近于第三阶段的看法。

比如《源氏物语》的《蝴蝶卷》有云:

八个女童乘了船,从殿前的小山脚上出发,向皇后的秋殿前进。春风拂拂,瓶中的樱花飞落数片。天色晴明,日丽风和。女童的船从春云霭䨶之间款款而来,这情景美丽可爱。

另外《澪標卷》有云:"那剪短了的头发非常雅致。这光景竟像一幅图画,实在美丽可爱。"《浮舟卷》

有云:"深夜露湿了衣裳,衣香随风四散,美妙不可言喻。"而在《藤花末叶卷》中,头中将与夕雾观赏藤花时这样说道:

春日之花,不拘梅杏桃李,开出之时,各有香色,无不令人惊叹。然而为时皆甚短暂,一转瞬间,即抛却了赏花人而纷纷散落。正当惜花送春之时,这藤花独姗姗来迟,一直开到夏天,异常令人赏心悦目。

在《桥姬卷》中,这一宾辞还被用于赞赏琴音之美。"琴筝合奏之声,与宇治川波声相应和,真美妙呢。"总而言之,这些用例中的"美"以意识为主,可以说几乎不具有悲哀、忧愁之类的特殊感情含义。因此我将这种含义的"物哀"视作美学概念,然而它也仅止于一般性美学含义,尚未充分发展到作为美学范畴的特殊美学含义。

一三

特殊美学含义中物哀的用例

上文区分的第四阶段的"物哀"含义——也就是将其特殊美学含义的分化因素作为实际的美学宾辞使用的例子,要与第三阶段的含义明确区分开来可谓十分困难。但我在这里尝试列出几个例子,将其与上文的例子进行比较,应该自然能够理解其中区别。在上文中,我引用了《源氏物语》的《贤木卷》中藤壶出家章节的用例,而在同一卷中,藤壶出家后的心境则是这样描述的:

不久岁历更新,国忌已过,宫中又呈繁华景象,内宴及踏歌等会相继举行。藤壶皇后闻知,但觉可哀。她管自勤修梵行,一心一意地希图后世幸福。

从表面而言,这段话只讲述了皈依佛教之人的内心态度,但是在这样的"心境"中静观人生和自然的美,自然能够体会到我区分出的第四阶段的"物哀"的含义。

《源氏物语》的《葵姬卷》中讲述了葵姬的葬礼。我认为,当中出现的"物哀"的概念因为场合特殊,一方面含有浓厚的第一阶段的含义,即狭义的悲哀,另一方面也充分包含了第四阶段含义的因素。文曰:

时在八月二十过后,残月当空,凄凉无限。左大臣在归途上思念亡女,心情郁结,愁眉不展。源氏公子看了,十分同情,益增悲戚,两眼只管眺望天空,吟道:"丽质化青烟,和云上碧天。夜空凝望处,处处教人怜。"

想来,第四阶段的"物哀"正如上文解释的概念，在大多数场合下并非狭义的"美"，即优、丽、艳之类的感性之美的直观抒怀，而是让人联想到自然变迁、季节风物的情趣和空间之无垠的、宛如长空景色一般的美。一言以蔽之，就是对象的轮廓不甚明确，难以客观明确地勾勒出来，但人们的美学直观却向着那个方向扩散，从而使美学意识朝着神秘论的、宇宙感的方向深化。上文所讲的"厌世"意识，也因此得以与"物哀"的特殊的美结合起来。此前引用的《贤木卷》的例子尚不能充分展示出这个含义的"物哀"，但是接下来引用的《源氏物语》的《槿姬卷》，应该能更明确地体现这个含义的"物哀"。这是源氏对某人说的一段话，也是在美学上非常值得深思的话语。

四季风物之中，春天的樱花，秋天的红叶，都可赏心悦目。但冬夜明月照积雪之景，虽无彩色，却反而沁人心肺，令人神游物外。意味之浓厚与情趣之隽永，未有胜于此时者。古人说冬月无味，真乃浅薄之见。

最后一句应与清少纳言[1]在《枕草子》中所写的"清冷无味的，正如那老女的化妆，冬月的月夜"意义相同，将冬月寒空中绽放清辉的月亮比作老女的化妆，虽是一种美感，却也是针对月亮这个特定对象所感受到的清辉，是一种感性的美学意识。相比这样的美学感性态度，源氏的话语中体现的美学静观的意识，的确有着更深的层次。《源氏物语》的《总角卷》中也有相似的内容：

飞雪蔽天，竟日不息。薰中纳言怅望沉思，直到黄昏，世人所厌恶的、十二月的月亮，高照在明净如水的碧空中。他就卷起帘子，举头望月，又"欹枕"而听那边山寺中宣告"今日又空过"的隐约的晚钟声。即景赋诗云："人世无常难久住，拟随落月共西沉。"

这里没有直接的"物哀"表述，但是整体感觉可以对应"物哀"的第四阶段含义。源氏切身体会到的冬季月夜之感，后世俳人几董[2]形容为"冬夜枯木冷，月光入骨髓"。另外后世还有一例，就是芭蕉[3]在《鹿岛纪行》中的"物哀"用例。

行至鹿岛,听闻山下根本寺有一僧人,如今已遁世隐居,特去拜访。其人造诣高深,发人反省。似暂得清净之心。天光甫现,和尚起而惊众人。月光、雨声,景色凄凉溢满胸怀,却不能言语。

歌人西行深刻体验并精准地表达过这种"物哀","野鸭盘旋在黄昏"的歌中所蕴含的难以名状的"物哀",正是一个绝佳的例子。除此之外,还有:"清风过山村,哀愁染枝梢,方知秋意浓。"(《山家集》)"蛰居在山寨,黄昏绵绵山雨来,谁不知物哀?"(《新古今集》,西行),这些歌中的"物哀"皆为此意。这与俊成通过爱恋知晓物哀(人情)不同,像西行这般通过自然的风物知晓物哀,乃是对人生及世界持有深厚谛观之心的人方能到达的境界。正因如此,在《后撰集》中,源信明[4]吟咏了"今夜花与月同辉,此种物哀,愿与知者共赏"。为秀[5]所作的"有朋知物哀,方为难得之人,无奈独坐听秋夜雨声",也感动了歌人今川了俊[6],了俊因此拜入其门下。

上文提到的"物哀"的第三阶段含义与这里论述的第四阶段含义都与美学内涵相关,但也应该区分开来。看过以下引用的四首和歌,这一论点将会更为明确。

庭前梅香幽,更比梅姿胜一筹,佳人袖香梅上留。
(《古今集》,佚名)

远处只可见风韵,折梅赏花须就近,色香更醉人。
(《古今集》,素性法师[7])

秋色迷人眼,秋风更添彩,风情使人醉。
(《词花集》,和泉式部)

放眼一片清幽,胡枝悄声动,秋日晚来风。
(《山家集》)

想必每个人都能看出，前两首的"物哀"单纯是一般感性之美，后两首则是极具特殊含义的美。

以上举出的例子是我所能找到的、能够比较明确地提示"物哀"第四阶段含义的用例，除此之外，尽管看起来不太明确，在《源氏物语》和其他物语文学、和歌之中还有数之不尽的能够归为此类的用例。《源氏物语》中的薰大将忘不了宇治亡君，终日郁郁寡欢之时，有一夜不能入睡，寂寞无聊，便走进按察君房中，在那里睡到天明，却走得慌慌张张。按察君心有不满，吟诗抒发怨恨。对此，薰大将答道："关河水面人疑浅，下有深渊不绝流。"然后他推开边门，说道：

我实在是要你起来看看这天空。如此美景，怎么可以不看而睡觉呢？并不是模仿风流人物，只因近来失眠，每觉夜长难晓，思量今世之事，直至后世之事，不胜哀愁之至。（《宿木卷》）

这种引人深思的拂晓天色之"物哀"，亦是一种别样的美。鸭长明在《无名抄》中，将幽玄体的和歌比喻为秋日天空之景："譬如秋日黄昏天空之景，无色无声。虽无所寄托，亦引人涕泣。"而引人涕泣的东西，便是秋日天空的"物哀"。

在《源氏物语》的《铃虫卷》中也写道了源氏的话语：

有月之夜，不论何时，无不令人感慨。就中今宵清光皎洁的月色，尤其使人神往世外，百感交集。

这句话显然源自于白居易的著名诗句："三五夜中新月色，二千里外故人心。"（顺带一提，前文引用的《槿姬卷》深冬之月，背后或许也有着对这首诗的联想。）因此，这里的"神往世外"也许只是说日本的国土之外，但是概而论之，这只是遣词造句的问题，因此毋庸置疑，在深深感慨秋月"物哀"之美的体验中，往往包含了一种悠久的情绪和联想无限的心境。因此，不论白居易的诗句真实意义何在,《源氏物语》等文学作品中描写的月夜的"物哀"体验,也就是所谓的"神往世外"之言背后,都蕴含着熏大将所说的"思量今世之事,直至后世之事,不胜哀愁之至"。

除此之外,书中还有许多同类的例子,比如:

天空似乎也是知情识趣的,忽然笼罩了暮霞。
(《早蕨卷》)

夕雾面对凄凉的暮景,悠然神往。旁人嚷着"天要下雨了",但他如同不闻,依然耽溺于沉思。
(《藤花末叶卷》)

渐渐到了秋季,天色清幽,催人感慨。秋夜风声凄厉,浮舟百感交集……山乡秋色厉,深夜更凄清。惟有多愁者,真心知此情。
(《习字卷》)

除《源氏物语》以外，还可以举一些例子，比如：

天空并无一缕云霞，月色清澄，皇后忽感伤怀，抚琴以抒思量……风声亦染上了秋色，甚为凄清，百草繁花茂盛，风情远胜京城，令人感怀至深。(《浜松中纳言物语》)

与其彻夜难眠，卧听雁鸣，所幸推门而出，但见西天之上月光清澄，高空笼罩雾霭，钟声与鸟鸣相应和，暗念此前此后，都将难逢此种时刻，不仅泪满衣袖，深有感触……幽深情趣纵良多，难敌有明月当空，此情我思人亦念。

月光隐入云间，骤雨洒落。情趣骤然深沉，感怀无限，心思纷乱，令人不寒而栗。(《和泉式部日记》)

上文已经引用过西行的和歌，另外《山家集》中还有：

山野尽荒凉,枯草无虫声,唯有月影独凄清。

藏花宿露之影深,不若枯野月凄凉。

都城见影犹不满,旅情月色独有情。

身在都城望月辉,不论数而论其情。

在都城观赏的月之美是普通意义的美,在漂泊的旅途中看见月色,感受灵魂的动容,则应该是第四阶段的"物哀"之美的体验了。同样在《山家集》中,在讲到"行至此处,见月光清亮幽静,遂咏歌一首"之后,记录了这首和歌:"旅途望明月当空,对应思哀愁。"西行投身自然、放纵心灵,正如当空皓月之影,令他心有感触。

注　释

1　清少纳言（966—1025），日本平安时代的女歌人、作家，代表作有《枕草子》等。（编注）

2　几董，即高井几董（1741—1789），日本江户时代中期的俳人。（编注）

3　芭蕉，即松尾芭蕉（1644—1694），日本江户时代的俳人，有"俳圣"之誉，代表作有《奥州小道》等。（编注）

4　源信明（910—970），日本平安时代中期的贵族、歌人。（编注）

5　为秀，即冷泉为秀（？—1372），日本镰仓时代后期到南北朝时代的公卿、歌人。（编注）

6　今川了俊（1326—1420），也称今川贞世，日本镰仓时代后期到室町时代的武将、歌人。（编注）

7　素性法师（生卒年不详），日本平安时代的歌人、僧侣。（编注）

一四

情趣象征的问题和直观契机

上文列举了第四阶段"物哀"的用例,在继续论述第五阶段的含义时,必须先讲讲"物哀"的情趣象征(或者说心情象征)问题。如果将"物哀"视作一种单纯的心情或者情趣,那么上述众多例子中的"物哀"也可以解释为主观的情调被象征性地投射在了自然现象之上。凡研究美学之人都知道,利普斯与佛尔柯尔特将这种情况称作情趣象征性移情,或者单纯称为象征性移情。但即使不使用这些术语,在日本,本居宣长已经从他所解释的主观主义立场出发,在《玉之小栉》中针对"物哀"的概念举例论述道:"心有所感之时,空中景色、草木之色，皆能促生物哀。"另外，他还在《紫文要领》中说：

见四季变换幻之风景，无常之草木鸟兽而知物哀。每时心念不同，纵使面对同一物事，所感亦不相同。悲哀时所见所闻皆悲哀，欢乐时所见所闻皆欢乐也。所见所闻者无心，无论悲哀欢乐，非随其人而变，乃随其心而变。

如果单纯站在心理学的立场构筑美学，因而也只将"物哀"的问题视作主观过程的问题，那么我们已经论述过的第四阶段的"物哀"的特殊美学价值，也只能够从这种情趣象征的角度来说明。这关联到了美学本身的根本立场，因此我们无法赞同从这一主观的立场出发解释美学价值的美学观点，对于"物哀"的概念，我们也无法满足于宣长的解释。尽管如此，若将"物哀"的问题单独剥离出来思考，现代美学也还需要进一步详细地分析上述的情趣象征。天空的景色和草木之色为何能催生物哀之情？

它在精神上是一个什么样的过程？根据我的思考，这个问题至少需要区分三种相互关联的因素。

第一，是生物学心理学的因素，其关系主要表现为刺激与反应的形式，即一定的自然现象通过我们的感官与精神发生交涉的第一步，我们对那些纷繁的感性刺激，即色、音、香、温度、触觉、有机感觉等刺激直接做出一定的主观感情上的反应。但是这种反应的强度和性质极为多样，而且反应极为直接，我们并不会对那种主观反应过程进行逐一认知，反倒是那些反应瞬间融合成了对象性的知觉，也就是组成气氛情趣的分子。比如我们看到蔚蓝的天空和看到灰暗的天空，会对这两种不同的视觉刺激直接做出不同的心情反应。尤其是在色感和音感的场合，因为具备了更高等、更复杂的精神要素（比如联想要素等）加入的余地，这种直接反应的因素变得不太明显，但是对空气的触感和对温度的感觉，也就是感觉季节之风时，这点就变得极为明显。不可否认，令人感怀的秋风或晚风等反应感情分子是"物哀"的美学感情成立的一大有力的辅助条件。毋庸置疑，西行看见野鸭盘旋在黄昏，感受到秋日黄昏的温度和空气触感，这些都成了无意识的生理性—心理性条件，融入到了他的主观状态之中。前面引用的《和泉式部日记》中还提到了"心思纷乱，令人不寒而栗"，所讲的亦是这点。当然，我们并不是像格鲁斯[1]的美学论那般，从生理—心理的一般感觉中直接诞生出美学感情。但是相对于格鲁斯，利普斯主张这种方面的事实和条件无论在任何含义上都与美学意识无关的看法，又显得过于极端了。

第二种是纯粹的心理学因素，为了方便表述，且将其称为移情作用。但这并不是利普斯所说的那种严格意义上的移情，而是从知觉与感情的统合出发，包含了广义联想的含义。恰如宣长所谓的"悲哀时所见所闻皆悲哀"，它指的是从极其多样的自然现象的知觉中，天空的景色与草木之色被特别提取出来，在悲哀之时与悲哀的感情相调和，给我们的心带来一种微妙的慰藉和满足的关系。但是移情美学只针对我们的感情作用，也就是承认将自我客观化的机能，因而当其对象同样是人类时，它被称作本源性移情，而当其对象是人类以下的非感性自然之物时，则被称作象征性移情，现在我们姑且承认这种移情论的前半部分，对于后半部分，也就是情趣象征的场合，我认为还存在种种疑点。

正如"象征性"一词所示，在这种情况下，主体与客体之间并非只存在有情无情的区分，而是在多个方面有着本质上的不同，人类与人类之间发生的移情作用究竟能否应用或扩大到这种情况，首先就是存疑的。不过，现在暂且不讨论这个疑点。尽管如此，考虑到我们区分的第四阶段的"物哀"，对于对象规定和外部轮廓不甚明确的自然现象，我们所承认的是它整体的氛围，而面对整体上千差万别、多种多样的感觉现象，我们不去等待直观作用本身的辨别力和选择力，而仅凭感情作用，究竟该如何将一定的气氛加以客观化呢？宣长虽然说悲哀之时所见所闻皆悲哀，但那只是宽泛的讨论。在对自然的感情体验中，我们实际上无法如此极端地忽视对象的客观性质，这是毋庸赘言的。因此就算我完全承认本源性移情的情况，所谓情趣象征性移情的情况却不能用单纯的移情来解释，反倒提示了作为美学意识的移情以外的原理。尤其是像东方人这种具有高度发达的自然美学意识的人群，其对自然的微妙体验仅凭这种理论是无法完全解释清楚的。

于是，就有必要考虑第三种因素，我姑且将其称为"本质直观"。这当然又与联想的问题有所关联。在传统的心理学美学论中，否认移情的特殊作用的人一般会将其还原为联想的作用，将其对应到我们所论述的第四阶段的"物哀"含义上，比如看见秋日黄昏天空的景色，从色彩和光线中联想到愁容满面的人眼眸中的神采和面色，于是就将哀愁的感情与对天空景色的认知结合起来。然而根据我的思考，与声、色这类单纯感觉的感情表达问题相同，对站在直接反省立场上体验的人来说，正如冯·阿列什等人所主张的，那无论怎么看都是顺序颠倒的思考。也就是说，我们并非先看到某种颜色，通过联想之后产生某种感情，而应该是在某种颜色中直接"看见"那种感情。换言之，我们在眼前的色彩中"直观"了以那种感情为名的"本质"，由此联想才能成立。用阿列什所举的例子来解释，我们并非先看见红色而联想到火，然后从红色中看到"炽热"感情或气氛。其真实顺序应该是反过来的。为了称呼某种感情的本质，我们使用了从"火"衍生而来的词汇"炽热"，但并不能因此受到其语言学关系的束缚。世界上存在着包含了"本质"为"炽热的"千万种范畴全然不同的事物。其中一种是红色，另外还有狂奔的悍马、热情的演讲、强烈的意志，等等。而火这种对象，只是其中之一。不过，在上述众多事物中，能够最完整地体现其"本质"，也就是无论什么侧面——包括色彩、热度、动态等方面都最为丰富的对象，就是"火"。与之相比，红色及其他对象都只是在一个侧面包含了这种本质而已。然而，这种单面性与多面性的不同并不会触及问题的核心。最重要的一点在于，这种本质无论是单面性的还是多面性的，都普遍存在于完全不相干的对象之中。因此，将这一本质命名为"炽热的"以便表述也就不存在任何问题。概言之，以联想为媒介的东西是这个"本质"的"直观"，而不是只有等到联想作用产生之后，才能把握其"本质"（此处不去论述其命名问题）。

将其套用在"物哀"之上，比如我们眺望秋日黄昏的天空时，其实谛观了直接由"物哀"一词所表达的"本质"。为了明确这种特殊的"本质"，我在意义内涵十分广泛的"物哀"的概念中，单独区分出了第四阶段的含义。现在假设这个第四阶段的含义如我上文所解释的那般，是一种宇宙感的、具有深度和广度的"物哀"之美，那么对秋日黄昏天空的观照就是把握了那种含义上的"物哀"的"本质"。至于从中联想到了哀愁之人的面容，那只是偶然的次级现象，对于这种场合的美学意识而言，并没有多大的意义。无论如何评价那种联想的美学意义，如果不在单纯的联想之上，或者单纯的移情之上，将上述含义的"本质"的直观契机置于其根源处，那么所谓的自然的情趣象征——包括"物哀"在内，就绝对无法得到充分的阐明。

注 释

1 格鲁斯,即卡尔·格鲁斯(Karl Groos,1861—1946),德国心理学家,著有《动物的游戏》等。(编注)

一五

作为美学范畴的物哀的完成及用例

在将"物哀"的概念分化为特殊的美学范畴时,它的第四阶段含义具有重要的意义。而上文已经论述过,这个新的范畴作为特殊的美学内涵,若要令其含义进一步充实,那么第四阶段的"物哀"含义就还要与优、丽、艳等狭义之"美"的各种契机相融合,最后发展成为第五阶段的含义。然而,第四阶段与第五阶段含义的区别实际上多为特殊美学感情的微妙差异,因此要根据真实用例来区分二者是一件极为困难的工作。不仅如此,第五阶段的含义换个角度也可以理解为第三与第四阶段综合起来的发展,因此我们必须清楚,在不准确的实际用例中,不仅是第四与第五阶段的含义，就连第三和第五阶段的含义之间往往也很难做出明确的区分。不过现在我们不去在意这些实际的困难，先列举一些能够解释第五阶段含义的用例，以此来完成我对作为美学范畴的"物哀"的研究。

首先我们暂且离开"物哀"这个词，单纯从美学体验的内涵上简单列举一些第五阶段"物哀"的美学含义的例子。我从纪友则[1]的"东君三月遣仙班，片刻尘寰即返还。正是春光娇媚日，樱华飞落舞人间"中，得到了稍微与之相近的感觉。这首歌给我的感觉是明媚春光中荡漾着若有若无的哀愁，并且带有向着"宇宙感"（Kosmisches Gefühl）发展的倾向。从其程度而言，这首歌的第四阶段含义的因素略显稀薄。同样脍炙人口的能因法师[2]的作品"山色近黄昏，寺院晚钟发清音，樱花落纷纷"也与之类似，不过其中哀愁的氛围更浓。（这里不去讨论和歌的意境是否过于做作的艺术价值问题。）概言之，这种歌所把握并表达的特殊之美，可以认为与第五阶段的"物哀"的意义相近。但这些和歌并未直接使用"物哀"(あはれ)一词,所以无法当作这个概念的用例。

我此前在论述"物哀"的第一阶段含义时,引用了《源氏物语》中藤壶出家的内容。在论述第四阶段含义时,同样举出了"物哀"的用例,反映《贤木卷》中藤壶出家之后的心境。在这里,我又要引用《薄云卷》中藤壶去世的内容,来展示一种近似于第五阶段"物哀"含义的美学表达。虽然从表面的表述而言,那只是讲了源氏哀叹藤壶之死的情状,但我们还是能够通过想象力感受到那样的美。

> 只得笼闭在佛堂中,天天背人偷泣。夕阳如火,山间树梢毕露。而横亘在岭上的薄云,映成灰色。际此百无聊赖之时,这灰色的薄云分外惹人哀思。

另外,源氏在被流放须磨之前,曾去已故的葵姬府上道别,当中有这段文字:

将近黎明，天色尚暗，源氏公子便起身准备出门。其时残月当户，景色清幽，庭中樱花已过盛期，而枝头犹有残红，凄艳可爱。朝雾弥漫，远近模糊，融成一片，这风趣实比秋夜美丽得多。(《须磨卷》)

这也许是忧愁之人深切感受到的，晚春灿烂的"物哀"。

堪称《源氏物语》女主人公的紫姬虽然是一位如同春花般艳丽的女性，且她自身也尤为喜爱春天这个季节，但是她在年华正盛之时患病，自觉死期将至，于是开始完成供养《法华经》的夙愿，其间的表述也体现了接近于"物哀"的第五阶段含义的美。

僧众通夜诵念，庄严之声与舞乐的鼓声相应和，终夜不绝，饶有佳趣。天色渐明，烟霞之间露出种种花木，生趣蓬勃，春景毕竟是牵惹人心的。百鸟千种鸣啭，美音不亚于笛。哀乐之情，于此为极。此时奏出《陵王》舞曲,曲终声调转急,异常繁华热闹。诸人都从身上脱下衣袍,赏赐舞人、乐人,彩色缤纷,在此时看来更饶佳趣。诸亲王及公侯中长于音乐、舞蹈者,尽量施展技能。在座诸人,不问身份高下,无不兴致勃发。紫夫人观此情景,自念余命无多,不禁悲从中来,但觉万事都可使她伤心。(《御法卷》)

另外,《源氏物语》结尾处,宇治中君与熏大将回忆大公主之死时讲道:

庭前几树红梅,香色都甚可爱。黄莺也不忍飞过,频频啼啭。何况悲叹"春犹昔日春"的两人的谈话,在这时候异常凄凉。(《早蕨卷》)

这也基本算是同一种含义的"物哀"。清少纳言在《枕草子》中写道:

秋天是傍晚最好。夕阳很辉煌地照着,到了很接近山边的时候,乌鸦都要归巢去了,便三只一起,四只或两只一起地飞着,这也是很有意思的。

此外,她还在书中写道:

日是,夕阳。当太阳已经落在山后的时候,太阳光还是余留着,明亮得能看见,有淡黄色的云弥漫着,很是有趣。

这里的"物哀"看起来内容比较单纯,但是其美学性格却与第五阶段相近。和歌的例子只要有心寻找就能找到不少,比如《永仁五年歌合》中就有一首"夕阳满长空,皆是世间色,愁然听晚钟"。这里的"物哀"也许更接近于第四阶段的含义,但如果能将其理解为晚春的黄昏,那么也可以作为第五阶段含义的用例。另外,《武家歌合》中有一首"繁花正盛时,色香幽深夜更艳,胧月映长空"。这首歌从表面上看,可能更接近单纯的优或艳,也就是第三阶段的"物哀"含义,但是我认为,这里多多少少也包含了第五阶段的含义。

另外，虽然时代及领域有所不同，芭蕉的俳谐中也有一句"蝴蝶翩飞于现世，最是惹人怜"。这是收录在《瓢》的《歌仙赏花卷》中的句子，其前面还有"读千部经书，一身田繁花正盛"（《珍硕》）和"巡礼路上见殉道，阳炎罩其身"（《曲水》）。想来，蝴蝶之句的前一句讲到了巡礼的殉道者，这里的"怜"应该也与其有一定的关系。这么说来，这个句子中的"物哀"不仅已经超越了我们所谓的特殊的心理学含义，还超越了第三和第四阶段的含义，几乎接触到了第五阶段的含义。顺带一提，各务虎雄的《俳文学杂记》中写到了对芭蕉这个句子的感想：

该句之"现世"，古来多有人解读，其理解各不相同，对句子的理解也自不同。但我在读到这个句子时，感受到了阳春四月的凄凄寂寥。蝴蝶漫不经心地在花丛中翩翩飞舞，不知是在寻访花儿，还是在追逐花香；空气中飘荡着阵阵微风，忽左忽右，在漫漫春日之中整日飞舞。我在读到这个句子时，深深感受到了隐藏在现实底层的，追逐无边梦想的虚无，内心分外寂寥。

在西方浪漫主义文学中，蝴蝶有时象征着幽灵。芭蕉自然没有那种想法，但是结合上一句的巡礼殉教者，芭蕉当时看见蝴蝶，或许也从它身上感受到了灵魂的迷茫，将其视作了春光融融的天地深处所荡漾的、特殊含义的"物哀"的象征。

至此，我对"物哀"概念的用例考察便告结束，同时这一篇研究也走到了尾声。正如前文所论述的，本居宣长将"物哀"定义为《源氏物语》的关键词，称其为作品的基本感情，但是他所解读的"物哀"的概念主要还是心理学含义上的概念，即使它是以《源氏物语》为首的王朝文学的普遍关键词，但它也许并没有点明这些文学的美学内涵，反倒只是点明了它们的主观素材方面的问题。因此我将宣长的解读转向别的方向，将以上论述的"物哀"之美，尤其是一直延伸到第五阶段含义的"物哀"的特殊的美定为平安时代文学的普遍基调，而且这种美在

《源氏物语》中得到了最为淋漓尽致的发挥和表达。

最后还要声明,我在本论中解释的"物哀"的特殊美学含义,始终与其本质的或者核心的性格相关联。因此,如果要列出"物哀"之美所包含的所有性质,只凭借我在这篇论述中尝试阐明的"含义"的因素,恐怕难以完全覆盖。然而我认为,就算"物哀"还存在着其他各种美学性格——比如宁静、悠远等,但它们对于作为美学范畴的"物哀"而言,恐怕都不是本质性的特征,而是"物哀"以外的范畴,比如"幽玄""寂"之类所附带的、普遍共通的属性。

曾经,在阐明"幽玄"的概念内涵时,我尽量列出了最广泛的含义要素,因为在过去的用例中,"幽玄"一词作为美学概念有着过于明显的二义性,为了将其统一起来,才有必要考察这个概念所包含的作为美的一切要素。当然在实际中,美学对象可以同时是"幽玄"和"物哀"的,也有可能具备"寂"和"侘"的侧面,所以更应该说,多种美学性质重叠才是最普遍的情况。但将它们作为范畴的问题考察时，最为关键的是不将它们混淆，而要明确各自的本质。我在本论中的考察,就是基于这样的原则。

注 释

1 纪友则（845？—907），日本平安时代前期的歌人。（编注）
2 能因法师（988—1050），日本平安时代中期的僧侣、歌人。（编注）

图书在版编目（CIP）数据

幽玄与物哀 /（日）大西克礼著；吕灵芝译.
长沙：岳麓书社，2024.11. -- ISBN 978-7-5538-2171-9

Ⅰ. B83-093.13

中国国家版本馆CIP数据核字第2024RG5897号

YOUXUAN YU WUAI
幽玄与物哀

作　者	[日]大西克礼
译　者	吕灵芝
出品方	中南出版传媒集团股份有限公司
	上海浦睿文化传播有限公司
	上海市万航渡路888号15楼A（200042）
责任编辑	刘丽梅
书籍设计	苗　倩

岳麓书社出版发行

地　　址	湖南省长沙市爱民路47号
直销电话	0731-88804152　0731-88885616
邮　　编	410006

2024年11月第1版第1次印刷

开　本	880 mm × 1230 mm　1/32
印　张	9.25
字　数	125千字
书　号	ISBN 978-7-5538-2171-9
定　价	58.00元
承　印	河北鹏润印刷有限公司

如有印装质量问题，请与印刷厂联系调换。联系电话：8621-60455819